郭文斌
作品典藏

郭文斌说
二十四节气

郭文斌 著

黄河出版传媒集团
宁夏人民出版社

图书在版编目（CIP）数据

郭文斌说二十四节气 / 郭文斌著. -- 银川 : 宁夏人民出版社，2025. 6. -- （郭文斌作品典藏）. -- ISBN 978-7-227-08171-5

Ⅰ. P462-49

中国国家版本馆 CIP 数据核字第 2025Z16M73 号

郭文斌作品典藏

郭文斌说二十四节气　　郭文斌　著

项目统筹　陈　浪
责任编辑　刘建昌
责任校对　白　雪
封面设计　徐胜男
责任印制　侯　俊

黄河出版传媒集团 宁夏人民出版社 出版发行

地　　址　宁夏银川市北京东路 139 号出版大厦（750001）
网　　址　http://www.yrpubm.com
网上书店　http://www.hh-book.com
电子信箱　nxrmcbs@126.com
邮购电话　0951-5052106
经　　销　全国新华书店
印刷装订　雅昌文化（集团）有限公司
印刷委托书号　（宁）2500666

开本　787 mm × 1092 mm　1/32
印张　7.25
字数　113 千字
版次　2025 年 6 月第 1 版
印次　2025 年 6 月第 1 次印刷
书号　ISBN 978-7-227-08171-5
定价　58.00 元

总 序

郭文斌

非常感谢宁夏人民出版社策划出版这套“典藏本”。

当初和何志明社长商量，这套“典藏本”要和中华书局、山东教育出版社早年给我出版的文集和文集修订本区别开来，重点选择近年出版的、读者“应用度”最高的、对抑郁症疗愈效果最好的、对青少年心理健康帮助最大的。

为此，选择了我的书中最畅销的《寻找安详》《醒来》。这两本书，先后由中华书局、长江文艺出版社出版发行，已经数十次重印。

选择了传统文化作为日课用的。比如“寻找安详小课堂”的班主任张润娟、班委施晓军等同仁，他们把《寻找安详》《醒来》作为早晚课。而班长闫生昌、班委张广主持的全国“寻找安详网络早课”等平台，则是以《郭文斌解读〈弟子规〉》《郭文斌解读〈朱柏庐治家格言〉》为主体读本。

选择了读者反复诵读的，比如宁夏大学的崔金英老师，已经在“喜马拉雅”把《醒来》读了二十多遍，每天读一篇，很少间断。比如北方民族大学的梁馨元同学、河北的杨新华法官，他们在“荔枝”把《寻找安详》读了十几遍，每天读一篇，很少间断。

选择了读者“倒逼”出版的。《郭文斌解读〈弟子规〉》《郭文斌解读〈朱柏庐治家格言〉》《郭文斌说二十四节气》，都是读者根据“学习强国”上传的同名电视节目整理出来的，其中《郭文斌解读〈弟子规〉》先是读者自发印行了内部书，引起反响后，由百花文艺出版社正式出版的。《郭文斌解读〈朱柏庐治家格言〉》也同样。

也许读者会说，《农历》《中国之中》《中国之美》的发行量也很大，被不少学校推荐给师生阅读，被不少家长作为孩子的床头读物，不少篇章被出到考试卷子里，被全国三十个省、自治区、直辖市的“寻找安详小课堂”作为教程。特别是《农历》，因主人公是两个小孩，特别受青少年欢迎。比如，银川十岁的刘一然小朋友，已经在“喜马拉雅”把《农历》读了四十多遍。这几本书却为什么没有收入这套“典藏本”呢？

其实，当初，我们也曾考虑过收入，但后来想，还是突出这套“典藏本”的“快速反应”功能，就是说，《农历》《中国之中》《中国之美》对身处心理困境的读者的帮助是熏陶式的，润物细无声的，不像《寻找安详》《醒来》《郭文斌解读〈弟子规〉》《郭文斌解读〈朱柏庐治家格言〉》见效快。就是说，这套“典藏本”，我们是把它作为“心灵姜汤”来开发的，面对“心灵感冒”，中国人的办法是喝一碗姜汤，出出汗，很快就会好。十三年的全国“寻找安详小课堂”线上线下近百万人次的实践证明，这套“典藏本”，是可以作为“心灵姜汤”来服用的。

需要给自己点赞的是，这次终于下决心把《郭文斌解读〈弟子规〉》《郭文斌解读〈朱柏庐治家格言〉》由口语改为书面语，删去可有可无的字句和段落；对重要知识点，做了增补；对引文和故事，做了核校。总体上更符合语法规范和修辞的准确性。相比口语版，每本书能减少一百页左右，更加匹配小开本。

心里装着读者，修改的过程就充满暖意，感觉每删掉一个字，每精练一个句子，就会节约读者一刹那时间，就非常有成就感。整个过程，充满着感动，那就是老天恢复了我的体力。以前好几次重印，想改，中途都停下了，因为体力不济。因此，与其说是我把这两部书稿改完，还不如说是老天的慈悲。

非常感谢宁夏人民出版社，感谢何志明社长、陈浪老师和他的团队，感谢所有为这套“典藏本”的出版发行付出心血的朋友们。

是为序。

2024 年 10 月 16 日

目　录

立春

宋·白玉蟾

东风吹散梅梢雪，一夜挽回天下春。
从此阳春应有脚，百花富贵草精神。

風從艮地起主人壽年豐
元旦玲書

立　春

一候东风解冻，

二候蛰虫始振，

三候鱼陟负冰。

我们的祖先很早就发现天文与人文是一种对应关系，并以天文来指导人文活动，最典型的就是在黄河中下游一带的人们用天文知识指导农业生产。长期的重农思想，让中华民族渐渐形成了天人合一的思想。在今天，我们已经越来越清楚地看到天人合一思想的先进性、优越性、前瞻性以及它对人类的巨大贡献。

二十四节气是我们的祖先根据地球围绕太阳运行的轨迹，也就是古人讲的“黄道”来划分的时间单元，比如我们小时候唱的歌谣："春雨惊春清谷天，夏满芒夏暑相连。秋处露秋寒霜降，冬雪雪冬小大寒。"把二十四节气浓缩成这样一首歌谣，几千年来作为农耕的一个指导性依据，一代一代传承了下来，这种"天人合一"的思想，为中华文明永葆生命力起到了重大作用。

与人文相关的一切农时农事、社会制度、伦理道德等，都是在天文的启发下建立的。传说伏羲一画开天，建立了中华文明的辩证认知方式、思维方式、行为方式，后来浓缩成为中华文明的"六字思想"，那就是"天时、地利、人和"。人怎么样才能"和"呢？要效法大地，大地又效法天文，这就是老子讲的"人法地，地法天，天法道，道法自然"。而"自然而然"这个成语告诉我们，只有顺应大自然的规律，人才能吉祥如意，才能幸福安康，这就是二十四节气的意义。

二十四节气事实上是一个季节的轮回，古人用非常高超的天文智慧，观测到天文的运行跟人们生产生活有着一一对应的关系，后来就形成了中华文明重要的文化特征，那就是整体性和"天人合一"的思想。因为整体性，所以中华文明讲究"中和"，讲究"和平"，讲究"你就是我，我就是你"；因为整体性，所以人和大自然、万物要和睦相处，互相尊重，互相体贴，互相守望，走向未来。

二十四节气的第一个节气是立春。“立”是“开始”的意思，就是古人讲的“建始”或者是“始建”，就是开始建立。“春”在甲骨文中由“艸”（草）、“日”“屯”构成。“艸”是小草，表示草木初生；“日”象征阳光温暖；“屯”像种子破土发芽，象征生命萌发。成字表示草木在阳光下生长的场景和万物复苏的景象。立春意味着一个新的季节轮转的开始。中国人非常注重开始和结束，所谓“慎终如始”，“没有一个美好的开始，就没有一个美好的结束”。“一年之计在于春”，把开始的意义就讲尽了。儒家讲“凡事预则立”，也是对开始的重视。

立春这个节气，古人通过长期的观察，发现它有一些物候特征。所谓的“物候”，就是古人看到万物在特定的时间段表现出来的一些特征。古人把五天称为一候，一年七十二候，三候一个节气。

立春这个节气里包含着三候。一候“东风解冻”。“东风解冻”好理解，就是说大地要开始解冻了，万物要开始复苏了，天地又开始回暖了。二候“蛰虫始振”，蛰居的虫子要开始出洞了。三候“鱼陟负冰”，河水已经解冻了，但是冰块还没完全融化，鱼就已经迫不及待地浮出了冰面。

由这三个成语我们就可以想象，大自然开始伸展着胳膊腿脚，要醒来了，冬天将要过去，春天就要到来，这是农民最忙的时候。中华文化往往把重要的节气确立为节日，西方大多以一些重要人物的诞辰作为节日，这是东西方文明的差异性。东方文明注重天人合一，注重人和自然的整体性，因此，注重以节气设立节日，通过传统节日增长人民的融合性，发挥唤醒作用；西方文明注重人的独立性、突出性，因此往往以人设节。我们的祖先注重用大自然的规律来设计节日，把一年看作是一根竹子，每个月在上面打两个结，这就是二十四节气。

立春这样一个节气，让我们清晰地感受到一个季节轮回的开始。在古代社会，皇帝都要带领大臣进行盛大的祭春仪式，而百姓在这个时候往往要举行“咬春”“鞭春牛”等活动。古代社会重农，所以，老百姓对牛的崇拜就上升到一个哲学的高度、人格化的高度。在古代，特别是在秦朝的时候，法律规定如果谁杀了牛，是要判死刑的。因此，由牛演绎出许多民俗活动，把牛美化诗化，祝福化。

“清明前后，种瓜点豆”，春天是播种的季节，如果错过一天，庄稼的收成都会受影响，因此，古人就要进行极致地天文观测，这种极致的天文观测应用到农耕生活中，就变成了重要的历法系统。

中华文明从夏历开始，就用的是“阴阳合历”，那么阴阳合历有什么优越性呢？它不同于纯阳历，也不同于纯阴历。纯阳历只注重太阳对人类的影响，而纯阴历只注重月亮对人类的影响。太阳和月亮是跟我们生产生活最密切相关的两个星体，每一个星体都对我们的身体、对我们的心情、对我们的生活有重大的影响，所以，古人特别注重天文对人文的影响，这就是我前面讲的天人合一的思想，古人非常注重它的功能性。

看《黄帝内经》就知道，这种功能性已经上升到一种卫生、养生、医学的角度。夏历就是阴阳合历这样的一个历法系统，让我们的认知方式、思维方式、行为方式、生活方式比较辩证。看到事物“阴”的一面，就马上想到它的“阳”，看到“阳”的一面，马上想到“阴”。这就是老子反复讲的“祸兮福之所倚，福兮祸之所伏”，这样的一种辩证思想到了孔子那里，就发展成为著名的中庸思想。

中庸思想对人有什么好处呢？它让人在任何时候都保持一种中和之气。《中庸》里讲“喜怒哀乐之未发，谓之中；发而皆中节，谓之和”。“喜怒哀乐之未发，谓之中”，是儒家观察到的宇宙最和谐的本体状态，“发而皆中节，谓之和”，是天人合一之后达到的一种人与自然和谐、人与人和谐、人的身心和谐的状态。这是一种极高的境界。孔子讲“天下国家可均也，爵禄可辞也，白刃可蹈也，中庸不可能也”。要达到中庸的状态，比分天下、辞爵禄、在刀刃上跳舞还难。它告诉我们：一个人、一个家庭、一个国家、一个民族，如果能够秉承中庸，保持中和，就能健康长寿。中医认为人生病了，是因为阴阳二气不中和了，中医治病，主要的方法论就是调和阴阳。往往是患者头疼，不去治头，去治脚；患者脚疼，恰恰不治脚，去治头。换句话说，中医是在根本处“四两拨千斤”地解决问题。

由这样的一种认知思维就可以看到夏历系统的优越性。在抗击新型冠状病毒感染过程中，可以看到中医预防和治疗的效果非常好。习近平总书记指出：“中医药学是中国古代科学的瑰宝，也是打开中华文明宝库的钥匙。”一定意义上，它就是中华民族天文和人文的一种功能性的传承，而中医里充满了二十四节气的智慧。

比如说立春之后，古人要免冠披发、舒展形体，并且提醒我们要“春捂秋冻”，要“下厚上薄”，什么意思呢？就是不要一下子脱掉棉袄。寒凉的，恰恰要在冬天吃，为什么呢？因为冬天人的外在冷，但内在是热的，因为“冬至一阳生”。冬至前后吃冰棍是不会伤身体的。但是现代人不懂，在夏至前后吃冷的，就把肠胃伤了，这就体现出古人的智慧。你看，冬天，井水是热的，夏天恰恰是最凉的。我们的祖先早就发现“阴中有阳，阳中有阴；阴极而阳，阳极而阴”，老子把它概括为“无为”和“有为”的平衡。这样的一种认知方式、思维方式、行为方式，最终会变成生产力、和谐力、建设力。

中国几千年来王朝更迭，但是哪一个王朝把过年取消掉，后来曾经废除过夏历系统，强行推行阳历，最后都失败了，为什么呢？老百姓不接受，仍然坚持用夏历。相比于阳历，这套农用化的历法系统就被称为“农历”，成为夏历的一个民间称呼。

我为什么要用十二年的时间写长篇小说《农历》呢？就是意识到，如果不深入礼敬农历系统，是很难走进中华优秀传统文化的核心地带的，因为中华优秀传统文化的核心地带，就是《周易》传统，而《周易》传统的根本所在，就是天文系统跟人文系统的对应。有一个成语叫“夕惕若厉”，是什么意思呢？一般解释为一个人一天到晚警惕戒惧，如同涉水过河，其实它的出处讲的就是天文观测，什么意思呢？就是作为天文观测者一刻也不能停止观测，白天观测，晚上还要接着观测，可见我们的先祖对天文的重视。

古人观察立春时节，一候迎春开，二候樱桃开，三候望春开。根据这些花信的绽放，古人判断什么时候播种。

这些年我一直在讲，青少年如果不走进二十四节气，我们是很难给他们讲诗意的。一个青少年心中没有大自然、没有物候，怎么去谈诗意？今天的二十四节气教育，我个人认为，是美育的不可或缺的基础。现在青少年的心理问题为什么这么严重？我十多年的干预抑郁症的经历告诉我，只要把孩子带到农村去，让他走进大自然半个月，就会缓解甚至康复。现在为什么有这么严重的心理问题呢？因为我们的整体性丧失了，活在局限里面，阴阳就不平衡了，阴阳不平衡就出现心理障碍了。

《黄帝内经》讲“精神内守，病安从来”，“正气存内，邪不可干”，怎样才能“精神内守”？怎样才能“正气存内”？必须从“小我”进入“大我”，就是从江河进入大海，大海的富有就是我们的富有，大海的力量就是我们的力量，大海的健康就是我们的健康。

中国社会科学院心理研究所发布的《中国国民心理健康发展报告》显示，我国青少年的抑郁检出率，在一些地方高达百分之四十。如何才能让他们回到健康状态呢？我的看法是，一定要恢复农历系统，一定要重视二十四节气意义的阐发，一定要让二十四节气这样的智慧进入校园、进入课堂，特别是进入“童蒙养正”的教育中。就是说，孩子们的成长过程一定要有根、有故事、有大自然。

不少父母发现，孩子都喜欢玩土，啥原因呢？因为人的潜意识里、遗传基因里，是亲土的，当一个孩子缺土之后，表现在生理上，脾就弱，而脾弱吃得再好也无法消化，所以要么发胖，要么太瘦，要么阳刚之气缺了，要么淑女之气缺了。

中医认为，要想让五脏六腑保持健康，就一定要先健脾，因为脾对应的是“五行”中的土，而立春对应的是木，在五脏中对应的是肝。由此，立春前后要少吃酸，多吃甘，加些山药、枣子。

这时要特别注重养肝。古人告诫我们：立春了，不能生气，不能急躁。就知道古人为什么有许多禁忌。比如说，一过腊八就再不能生气了、不能吵架了，特别是腊月二十三小年一过就不能口出恶言，绝对不能在内心有仇恨，有仇恨的要和解，没有仇恨的要更加和谐。为什么呢？养肝。因为古人早就发现“怒伤肝”，为此，设计了许多礼仪，保障健康平安。

我在长篇小说《农历》里写道，一进腊月，家里就要养和气了，当然一年四季都要养，但是一进腊月更加关键，因为立春了，“春”对应的是肝，而古人认为“怒伤肝，思伤脾，恐伤肾，忧伤肺，喜伤心”。《大学》里讲“身有所忿懥，则不得其正；有所恐惧，则不得其正；有所好乐，则不得其正；有所忧患，则不得其正”，告诉我们要让阴阳二气保持在一种平衡状态，就有精气神，有精气神才能很好地生产劳作，才有条件去谈“爱国、敬业、诚信、友善”。

如果青少年从小就知道二十四节气的重要性，知道立春的重要性，就会好好地过大年，大家就知道过大年不单是吃吃喝喝、不单是走亲戚、不单是欢乐，还有更深层次上的天人合一的设计、健康学的设计、祝福的设计。

为什么过大年的时候要祭祖、要祭社？古人用这样的一种心理暗示让我们进入天文系统，进入天人合一系统。用今天的话来讲，就是跟大宇宙进行量子纠缠，进行能量交换。这样我们就知道什么叫“祝福”了。“祝福”其实就是让我们自觉地走进整体性的力量、整体性的健康、整体性的吉祥如意，这就是立春的意义。

从字义来看，“年”就是谷物成熟，“腊”是十二月合祭百神，古人把一切人格化，认为一粒种子能长出来那么多的穗子，麦穗、谷穗，其中必有一种神秘的力量，就创造了一个人格化的感恩对象，那就是谷神；大地又能够生长，古人就又创造了一个人格化的感恩的对象，那就是土地神。所以，每到大年，吃饭前，老人说“先去庙里”，从庙里回来我们才吃饭。以此表达了感恩。饭前还要念感恩词，感恩天地、感恩祖先、感恩食物，先感恩，然后才能品味美食。

孔子的一生就有这个习惯，每一顿饭前先感恩，再动筷子，道理是一样的，只不过是在春节这样的节日把它盛大化。春节的许多礼俗，都是天文的人文化。比如说到了大年初一，小娃娃们先去给长辈拜年，村子里谁的辈分高，谁的年岁长，一家一家地去拜。细想整个宇宙也是如此，小星体围绕着大星体在运转，保持了一种永久性的和谐。而人类社会要想永续发展，就要从中华文明里汲取这种永续和谐的智慧，那就是带着感恩心、带着敬畏心、带着爱心“自然而然”地生活，遵守秩序，顺应节律，才能够吉祥如意。

现在讲生态文明，生态文明的“生”，其实就是古人讲的和谐力。常说“养生”“卫生”，这个“生”其实就是古人讲的“生生不息”的“生”，而“生生不息”的“生”，就存在于天人合一的智慧中。在古代社会，大人教小孩，春天是不能折杨柳的，为啥不能折杨柳？“折杨柳”是杀机。古人处决犯人也要等到秋天，为啥呢？处决犯人就要动杀机。春天要养生，这就是“养生”这个词的来历，要养生机、去杀机。老子讲“大军之后，必有凶年”，什么意思呢？因为动杀机。

中华五千文明为什么倡导和平？因为和平是生机，时时处处维护生机，才能保持生机勃勃、生生不息。

从一定意义上来说，中华文明就是《周易》的两个核心思想：厚德载物、自强不息。怎么样才能厚德载物呢？要保持生机；怎么样才能自强不息呢？要保持生机。

没有生机就没有厚德，没有生机就无法载物。

中华文化是一个让我们保持精气神的文化。古人讲：“精足不思淫，气足不思食，神足不思眠。”人是这样，大自然也是这样。如果精气神足，大自然的生机就多，就能风调雨顺、国泰民安。

怎样才能“国泰”？怎样才能“民安”？怎样才能“风调”？怎样才能“雨顺”？答案是阴阳和谐，生机勃勃。由此可见，礼敬自然、礼敬和谐、礼敬“天人合一”思想，关乎每一个人的健康和安康，关乎一个国家、一个民族甚至人类的永续。当我们走进每一个节日，就会从内心深处油然而生对祖先敬意。我们要敬畏历史、敬畏文化、敬畏生态，就是这个原因。

以上，我就中华文化的整体性和“天人合一”思想，对二十四节气做了一个带有开篇性质的概述，同时介绍了立春在二十四节气里的始发意义和盛大的节日意义。因为中国人特别注重开始和结束，“慎终”从“慎始”开始，正所谓“不忘初心，方得始终”。

对于二十四节气来讲，一个美好的开始就是立春。正如我在长篇小说《农历》“大年”一章所写：“三阳开泰从地起，五福临门自天来。”“向阳门第春常在，积善之家庆有余。”“天增岁月人增寿，春满乾坤福满门”这个“泰”，这个“庆”，这个“福”，都是从“春”开始的。

咏廿四气诗·雨水正月中

唐·元稹

雨水洗春容，平田已见龙。
祭鱼盈浦屿，归雁过山峰。
云色轻还重，风光淡又浓。
向春入二月，花色影重重。

鎮日小牕
工獺祭
不知門外
已春歸
子謙
戲筆

雨　水

一候獭祭鱼，

二候鸿雁来，

三候草木萌动。

《月令七十二候集解》里讲："正月中，天一生水。春始属木，然生木者必水也，故立春后继之雨水。且东风既解冻，则散而为雨矣。"这段话讲得非常有哲学性。"天一生水"，这是古老的《河图洛书》中的话，讲的是水星运行到我国北方的时候，大概是冬至前后。然后，到了春分左右，木星就到了东方，就是春天归于木。根据《月令七十二候集解》所讲，这个时候要想让木茂盛，必须要有雨水，这就把"木"和"水"的关系讲出来了，最后讲“东风既解冻，散而为雨矣”，其实讲了三个要素，就是东风把冰雪融化变为雨水，然后雨水来滋养木生发、生长。在《月令七十二候集解》的解读中，可以清晰地看到，雨水是春天到来的保障，是春天的前奏。如果说立春是序曲的话，那么雨水就是第二个乐章。在这里面，把中华文化的五行“金、木、水、火、土”中的两个要素，“水”和“木”连接在一起，当然，还有“火”和“土”，“水”和“木”都由“土”承载，而“东风”性暖，有“火”的属性。

按照五行的对应，春天属“木”，在物候上可以看到三候。

一候“獭祭鱼”。就说这个时候河开了，水獭把鱼逮住以后先不吃，而是晾在岸上，表达对鱼的牺牲的一种礼敬。古人用词非常有文化、有哲学性，一个“祭”字，意蕴无穷，就像祭祀一样，把大自然的一种链条感就体现出来了。

二候“鸿雁来”。大雁感觉到北方适合生存了，就归来了。候鸟的归来说明在黄河中下游一带已经不仅适合草木生发，而且适合动物生存，适合飞禽生存，鸿雁就回来了。

三候“草木萌动”。草木萌动，万物都开始萌动生长，一派欣欣向荣的状态。雨水在二十四节气里是一个分水岭，从此，天地俱生，万物以荣。

雨水前后是“乍暖还寒，最难将息”的时候。衣服穿多了，感觉热；穿少了，感觉冷。所以古人给我们总结出来的方法是“春捂秋冻”，这个时候要以“捂”为主，因为冰雪融化要向大自然争取热量，所以人在这个时候千万不能一下子减少衣物。

人怎么来跟天地对应呢？我在《立春》里讲过，中华文化的最主要特征是整体性和天人合一。这个时候，人体小宇宙跟天地大宇宙怎么对应呢？“夜卧早起，广步于庭，被发缓形，以使志生。生而勿杀，予而勿夺，赏而勿罚。此春气之应，养生之道也。逆之则伤肝，夏为寒变。奉长者少。”《黄帝内经》的这一段话，我觉得更适合在雨水前后来讲，什么意思呢？在这个时候，应该说正式地进入了春季。

对应在养生上，从雨水开始，就要跟春气相应，怎么相应呢？《黄帝内经》讲，“春三月，此谓发陈，”“天地俱生，万物以荣”。“荣”繁体字上面是两个“火”，下面是“木”，就感觉整个自然界都在一种生发状态，这个时候就要“夜卧早起”。跟冬天的“早卧晚起，必待日光”不同，就是冬天的时候要起来得晚一点，等到太阳出来才出被窝。

但是到了春天就要“夜卧早起”，就要开始早起了。为什么呢？因为万物开始生发。“广步于庭”，在庭院里面散步。“被发缓形”，这个时候就不能束缚自己了，要把头发披散开，在万物荣发的时候，一定要畅达。目的是什么呢？“以使志生”，这里讲的“志”，不是励志的那个“志”，而指的是“情志”，就是让整个身心从冬眠的状态焕发出来，把情志由一种蛰伏的状态变为畅达，变为灿烂，变为生机勃勃。

“生而勿杀”，就是在生机萌发的时候，千万不能萌生杀机。古人认为在这个时候不但不能杀动物，连植物也要尽可能地不去伤害。“生而勿杀”，对应在情绪管理，就是常欢喜，少生气，因为生气是杀机，也不能忧伤，不能忧郁，要心情舒畅。以此呼应天地的生机，“天地俱生。”我们生活中的许多用词，卫生、养生、生命、生存、生活、生意，都从此而来。我们常常说“讲卫生”，这个“生”，就是“生机”的“生”。培养生机，规避杀机，“生而勿杀”，是春天的主旋律。

“予而勿夺”，就是多给予，少索取。因为这个时候天地都是奉献的状态。实际上二十四节气就是对阳光的赞美，是在太阳运行的周期上写出来的赞美诗，是对太阳系中能感受到的一种爱——太阳温暖的一种礼赞。太阳的品质就是“予而勿夺”。它把光辉给人间，燃烧自己，这是一种最高级别的温暖、爱和关怀。古人总结出人文与天文的对应就是“予而勿夺”。如果索取，就跟天地不相应了，就是反天人合一，而反天人合一，就不能获得吉祥如意。

“赏而勿罚”，就是多奖励少惩罚。在古代，处罚人一定要等到秋天。春天，即便一个人有错误，即便一个团队有错误，也不会轻易处罚。为什么呢？罚里有杀机，这时，要通过奖励、表扬、鼓励、展望，将理想、信念和初心展示出来以此培养生机。这个时候，在制度建设上，在伦理学建设上要“赏而勿罚”。

“生而勿杀，予而勿夺，赏而勿罚，此春气之应。”

中华文化有一个重要的特征，讲“感”和“应”，有“感”有“应”，这个人就有活力，他“小宇宙”的能量就能够跟大宇宙进行交换。人体的健康，主要是靠“小宇宙”跟大宇宙交换能量来保持精气神。所谓的“精足不思淫，气足不思食，神足不思眠”，怎样才能精足、气足、神足呢？古人的方法是保持跟大宇宙通畅。怎么通畅呢？天人合一，“生而勿杀，予而勿夺，赏而勿罚”，然后“此春气之应，养生之道也”，就讲到极致了。

接下来，《黄帝内经》用反证法讲，如果不遵从上面这个原理，那就“逆之则伤肝”。为什么说冬天得的病，夏天来治疗呢？因为古人认为生命是一个整体，许多疾患，冬天暴发出的疾患，秋天暴发出的疾患，夏天暴发出的疾患，恰恰是在春天得的，如果不遵从春天的规则，就会“夏为寒变”，就是春天如果没有天人合一而让身体受了伤害，夏天就会寒变。古人认为春生、夏长、秋收、冬藏，如果春不生，到夏天就没什么可长了，就是“奉长者少”。古人用二十四节气讲了一种大自然的节奏。音乐、文章有节奏，诗歌有节奏，人体也有节奏。

中医给人治病，先不看你是头疼、脚疼，还是腰疼，先看你的节奏对不对，先问你：“吃饭的时候想吃饭吗？”如果你说不想吃，他就认为你吃饭的节奏已经乱了。问你：“睡觉的时候能睡着觉吗？”你说：“睡不着。”他就认为你睡觉的节奏已经乱了。他先不给你治疗具体的病，而是先调整你的节奏。

饮食方面呢，古人认为在“春三月”，特别是雨水前后，最关键的就是保脾。为什么要保脾呢？因为肝在春天很旺，而五行里面肝木克脾土，肝火太旺的话，第一个伤的就是脾胃。所以，这个时候要达成一种生理上的平衡，主要的方式就是帮助弱者、帮助脾胃，给脾胃以力量。

那怎么来养脾胃呢？食补，祛湿健胃最好的食材就是薏仁、小米、山药、莲子、大枣，所以，懂养生的人这时会把薏仁粥作为主餐，有些人早晨是薏仁粥，晚上还是薏仁粥。对于脾弱的人来说，这个时候饮食的关键就是保脾祛湿。祛湿的食材里面有一样好东西，就是冬瓜。“生而勿杀，予而勿夺，赏而勿罚”，多吃带有生机的食材，避免吃带有杀机的食材，这是总原则。

最核心的就是春天疏肝，“四两拨千斤”的养生方法就是保持心情舒畅。而肝的天敌是什么呢？愤怒。脾的天敌就是思，过度的思虑，导致脾弱。所以这个时候要用减少思虑来保脾，用心情舒畅来保肝。怎样让心情舒畅呢？读能让我们放松、开心的典籍，例如“四书五经”“十三经”，祖先留下来的大量典籍，都能让我们保持心情舒畅，比如《黄帝内经》《道德经》《论语》等。

总而言之就是让大家放松，把小计较放下，把私心变为公心，那心情就舒畅了。心情之所以不舒畅，最主要的原因是活在“小我”里。所以，我一直在讲，把生命中的“四堵墙”推掉，比如这个屋子，把四堵墙推掉，那我们就跟大宇宙合而为一了。而人的“四堵墙”，就是我在《寻找安详》里讲的控制欲、占有欲、表现欲。当我们把控制欲、占有欲、表现欲放下之后，肝就获得解放，因为从“小我”到“大我”境界了，从私心到公心状态，就进入整体世界。而进入整体世界，小宇宙跟大宇宙的能量交换就通畅了，时空对我们的限制就没有了。

《庄子》讲的“列子御风而行”，达到一种逍遥游的状态，这个时候人的恐惧就没有了。恐惧没了，安全感就到来了。安全感到来，人的肝就回到了一种纯自然的状态。我们就能够理解老子为什么讲“人法地，地法天，天法道，道法自然”。在“道法自然”里面，中华民族可以说是登峰造极。二十四节气，就是一种大自然的节奏，是一个乐章，对应在我们的身体上，就是《黄帝内经》里最后告诉我们的三个关键词：“食饮有节，起居有常，不妄作劳。”

在太阳系，主要的能量来源就是太阳。在这本书里，我要给大家建立一个概念，我们的人文系统是从天文来的，如果不顺应天文，就无法感应大宇宙给我们的能量支持。八卦的“卦”怎么写呀？左边是“圭”，是夯土台，右边是“卜”，大多解释为卜棍，我理解是测定日影的杆子，合起来就是在土台上测定日影，以此给大自然定出节奏，目的是什么呢？让人的小宇宙跟大宇宙获得对应，进行能量交换，这就是“卦”。

大家不要以为“卦”就有多神秘，古人把二十四节气与“卦”相对应。冬至对应“复卦”意味着阴尽了，阴尽则阳生，一个新的季节开始循环。而立春、雨水对应“泰卦”。否极泰来的“泰”和国泰民安的“泰”，讲的是什么呢？讲的就是水火相交。大家看，做饭的时候，水在上面还是火在上面呢？当然是水在上面。火把水一烧，饭就熟了。如果火在上面，水在下面，饭做不熟。那么对应到人体，火在上面，水在下面，叫作“水火不济”，这个人就上火了，嘴唇就生疮。

通过这本书，希望大家能够牢固建立一种天人合一的概念。把天人合一的概念搞清楚之后，养生就简单了，就知道社会主义核心价值观的出处在哪里，我们为什么要“爱国”？爱国是集体主义，只有整体好了小家才能好，这是建立“整体观”，建立天人合一的思想。为什么要“诚信”？因为只有诚信才能够走进天文世界，儒家甚至认为整个宇宙就是一个字，那就是诚信的“诚”。为什么要“敬业”呢？因为太阳是敬业的。太阳哪一天没出来？月亮是敬业的，地球是敬业的，是分毫不差的。二十四节气之所以存在就是对大自然的“敬业”的礼赞，当然是友善的。这样讲，爱国、敬业、诚信、友善就可以理解了。

古人就总结出来，该冷的时候不冷，该热的时候不热，这一年肯定就有灾难了。为什么呢？二十四节气的节奏乱了。那么对于一个人来讲，该起床的时候不起床，该睡觉的时候不睡觉，该饿的时候不饿，该饱的时候不饱，节奏就乱了，我们内在的消化系统就处于一种紊乱状态，那么身体就以生病的方式，提醒我们调整节奏。

古人最怕的是该立春没有立春的感觉，该雨水没有雨水的感觉，该冬至没有冬至的感觉。记得我小的时候，霜降那天如果看不到霜，大人们就会说，“哎呀不好”。为什么呢？大自然的节奏不准确了。这样一分析呢，我们就会发现二十四节气是古人对大自然这个乐章，对大自然这个诗篇，画出来的节奏、段落，所以“节”和“气”，在这个时候就有了人格性。

咏廿四气诗·惊蛰二月节

唐·元稹

阳气初惊蛰，韶光大地周。
桃花开蜀锦，鹰老化春鸠。
时候争催迫，萌芽互矩修。
人间务生事，耕种满田畴。

故人家在桃花
岸直到
門前溪
水流

惊　蛰

一候桃始华，

二候仓庚鸣，

三候鹰化为鸠。

惊蛰是二十四节气中的第三个节气，准确地讲它是“节”。《月令七十二候集解》中讲：“惊蛰，二月节，万物出乎震，震为雷，故曰惊蛰，是蛰虫惊而出走矣。”这段时间雷声让冬天蛰伏的动物苏醒。这句话里有一个重要的词叫“震”，“震”是八卦里面重要的一卦，对应的是仲春时节，对应的是东方。古人发现，当天体归位到“震”的时候，万物就要苏醒了。在这句话里面，可以看到物候的逻辑。

古人认为，立冬之后就要潜藏。动物是这样，天地是这样，人也是这样。在古代社会进入冬季，人们会被动地进入潜藏阶段，甚至有些地方会把村口都封起来，让人们减少走动，而且在穿衣方面要求非常严格，身体尽可能少露在外面。古人认为，只有做好了“藏”，春夏才能够有能量焕发出来。就像冬天是充电的季节，如果我们不冬藏，那么春夏就没电用。

为什么惊蛰前后，偶有打雷？其实大自然也是一次能量的释放，现在有一种说法：“天上一声雷，地下万吨肥。”古人早就发现这一点，认为雷声本身就是能量，在打雷的过程中，会给大地注入能量。古人通过观测天象，发现惊蛰之后物候的特征：一候桃始华，这时候桃花就绽放了。《诗经》里讲，“桃之夭夭，其叶蓁蓁”，“桃之夭夭，灼灼其华”，向我们描述了桃花绽放的美丽。二候仓庚鸣，仓庚就是黄鹂，这个时候黄鹂首先感受到阳春之气，给我们报春了。三候鹰化为鸠，“鸠”指的是布谷鸟，这个时候苍鹰都不见了，由布谷鸟来接班，意味着阳春之气，让许多适合春天生存的动物焕发出生机。

事实上，惊蛰跟一个重要的天象有关。古人把黄道附近的星群概括为四个单元，东边是青龙，西边是白虎，北边是玄武，南边是朱雀。其中青龙的七个星宿叫“角、亢、氐、房、心、尾、箕”，当它跃上地平线的时候，一般在“二月二”，就是农历惊蛰前后，古人把青龙七宿的角宿从东方地平线上升起，称为“龙抬头”。我在长篇小说《农历》里面，就描述了许多跟惊蛰有关的风俗。

在这一天，好多地方要炒黄豆，吃龙须面，为什么呢？还是前面讲的天人合一原理在民间的诗意对应。把豆子叫“龙豆”，面叫“龙须”，饼子叫“龙皮”，就是把龙的各个部位跟食品一一对应。这一天，老百姓还要剃头。为什么要在这一天剃头呢？这是一种祈福纳祥的心理活动的仪式化。因龙抬头了，与之对应就要剃头。事实上也是以剃掉旧发，象征新的轮回、新的周期的开始，是一种美好的展望和祝愿。

古人之所以把天文跟人文这样紧密的对应，是古人认为，按照天文去生活就能够获得吉祥如意。唐朝韦应物写过：“微雨众卉新，一雷惊蛰始。田家几日闲，耕种从此起。”就是惊蛰这一天之后，百姓将要耕作，将要下种，将要忙碌起来。在古代社会，这一天皇帝要率先垂范，重视农桑，这是中华民族的传统。其实这种传统到今天还保持着，比如我们国家每年的“一号文件”，主题就是“三农”，这种传统是一脉相承的。二月二是龙头节，其实也就是农耕节，中华文化的春种、夏长、秋收、冬藏的结构就是从龙头节开始的。

而在二月二这一天，还有一个重要的活动，就是要“围仓”，就是一家人早早地把五谷挑拣好，放在院子里，然后用灰把它围起来，来祈祷新一年的五谷丰登。还要从井边、泉边把灰一直撒到院子里面，暗示把“龙”引到家里来，因为“龙”在古代社会是一种生机的象征、力量的象征、吉祥的象征、风调雨顺的象征。五谷丰登的象征。在古代社会，人们对天体的想象，真是充满了诗情画意。

在百姓心目中的惊蛰，当变成节日之后，就成了一种审美的仪式、审美的想象、审美的祝福。体现在对人的关怀上，那就是唤醒。所以震卦有一个重要的心理意象，那就是唤醒沉睡的人，就是启蒙，让人们由迷转悟。

一个人的精神状态由什么决定呢？由肝胆决定。古人认为，在惊蛰前后，饮食就要注重养脾养肺。所以惊蛰、龙抬头要吃梨。除了有离开“灾害”这样的一种象征意味，在养生学上还有重要的内容，就是梨养肺。在惊蛰前后，饮食上以润肺的食物为主。古人认为要以植物性食品为主，动物性食品为辅，为什么呢？因为动物性食品要有足够的胆汁来分解，这个时候出于养肝、养胆的目的，以植物性食品为主，少辛辣，因为辛辣的食物会刺激胆汁分泌，而胆汁分泌过度，会让肝胆过旺，而肝胆一过旺，就会克脾土，而春天是养脾胃的关键时节。

那么读的书，也是以疏肝、健肺、养脾为主，主要是让心情舒畅，这个时候要走出宅子，“广步于庭，被发缓形”，音乐以“角调”的音乐为主来进行养生。

我特别喜欢在长篇小说《龙节》一章引用的两句谚语：

二月二，龙抬头。
大仓满，小仓流。

这里既指的是粮食作物上的大仓满、小仓流，也指的是我们事业上的大仓满、小仓流，结出丰硕的成果。

春分

唐 · 刘长卿

日月阳阴两均天，玄鸟不辞桃花寒。
从来今日竖鸡子，川上良人放纸鸢。

落花人獨立
微雨燕雙飛
紫羊戲作

春　分

一候玄鸟至，

二候雷乃发声，

三候始电。

在古代社会，春分是一个非常重要的节气，因为这一天太阳直射赤道。用《月令七十二候集解》中的话来讲："春分，二月中。分者，半也。此当九十日之半，故谓之分。"这里面有两个关键词：一个是"半"，一个就是"分"。在《春秋繁露》里讲得就更加明确："春分者，阴阳相半也，故昼夜均而寒暑平。"可以看到古人用词的精准简约，用了一个"半"，用了一个"均"，用了一个"平"，就把春分这个节气的特点讲出来了。

春分这个节气在古代社会甚至被“神话”。中国有四个被“神话”的节气，其中就有春分和秋分，太阳两次直射赤道。在春分和秋分的时候，北半球和南半球的太阳的光照是相等的，日夜长度是相等的。

古人通过观测天象发现，春分的日影跟秋分的日影，具有特别的阴阳平衡特征，昼夜等长。对于农业生产的重要性，农民最清楚，因为阴阳最平衡。中华文化讲“孤阴不生，独阳不长”，就是只有阴没有阳，万物无法生长，只有阳没有阴，万物也无法生长。《中庸》讲“君子之道，造端乎夫妇。及其至也，察乎天地”。把君子之道人格性，跟天文居然连接起来了，就是说如果把夫妻关系的秘密搞透了，宇宙的秘密也就搞透了。《中庸》就讲到这个程度，这个“中”，跟“分”其实是有着深厚的逻辑联系。

我们的祖先当年为了建立时间制度，观测天象对人的哲学性的影响，就是古人要在时间上找“中”，要在空间上找“中”，要在人格上找“中”，要在性格上找“中”，要在气质上找“中”，要在情绪管理上找“中”，要在社会管理上找“中”。

“天之历数在尔躬，允执其中。”所以，《周易》乾卦里讲“君子终日乾乾，夕惕若厉，无咎”，好多人把它解读得有点望文生义了，其实这个讲的是当年的历法系统掌握者，不仅白天要观测天象，而且夜晚要观测天象，一点都不敢马虎，为啥呢？他要根据天象来确定时间，然后根据时间指导百姓去播种。

我在长篇小说《农历》里写道，惊蛰、二月二左右、春分前后，朝廷要发布历法系统，要送春牛。送春牛干吗呢？把相当于今天二十四节气的原始部分发布给老百姓，让老百姓以此来播种。天长日久，当人们看到这一套历法系统特别准确，就认为这位是能够替天发布时间系统的，那么这个人就被渐渐地偶像化，人们就把他叫作“天子”。

再后来，人们在想象世界就给这个“天子”配了一个时间系统，最主要的就是春分、秋分和夏至、冬至，并设祭祀。皇家春分要祭日，秋分要祭月。至今还保留着的民间的传统春分前后上坟，就是由此而来。中国古人把春分这个节气神圣化了，认为这不是普通的一天，而是一个“时间神”。

孔子最崇拜的人就是舜。他讲：“舜其大知也与！舜好问而好察迩言，隐恶而扬善，执其两端，用其于民。其斯以为舜乎！”孔子说，舜帝可算是一个拥有大智慧的人呀！他平常喜欢调查研究，他能包涵别人的缺点，表扬他的优点，用中庸之道引导人们，这就是舜之所以为舜的原因吧。“执其两端，用其中于民”，这个“中”其实就讲的是阴阳平衡。

到《中庸》，把“中”上升到人格修养的最高境界，“天下国家可均也，爵禄可辞也，白刃可蹈也，中庸不可能也”。就是说，一个人把天下平分给大家都可以做到，把俸禄职位给别人都能做到，在白刃上跳舞都能做到，但最难做到的就是中庸。

这个“中庸”，在孔子这里，在儒家这里，上升到一种哲学的最高境界。从天文系统的基础来讲，就是对时间制度的认识，对春分的认识，对秋分的认识。

《论语》记载，尧给舜禅让帝位的时候讲："咨！尔舜，天之历数在尔躬，允执其中。”他为什么要讲这句话呢？就是说你要做好治国、平天下，那就要找到这个“中”。

在我国黄河中下游一带，每年能适合播种的时间只有那么几天，如果错过了这几天，粮食的收成就受影响；而如果遇到播种不准时，收成受影响，皇权就会受到冲击。因此在黄河中下游一带，找到一个最合适的播种时期，就是古代社会天子的使命。在古代社会谁掌握了历法，在一定意义上谁就掌握了统治权。所以我们的祖先在这一天，有许多现代人可能无法理解的活动。比如放风筝。在古代社会，让风筝向天空飞去，也是一种对天的想象。在这一天，小孩子还会在桌子上试着把鸡蛋立起来，为什么呢？只有在这个时候，阴阳两种力量平衡，鸡蛋才能立起来。这一天在中华传统哲学系统里面，就具有奠基性的意义，为什么呢？阴阳最平衡，在阴阳最平衡、最有生长力的时候播种，是最佳时期。

在春分的时候，古人甚至认为，要进行极致性的天文跟人文对应。因此养生学家讲究这一天要少吃，要把身心空出来，让给春分来调理身体，认为大整体这一天的阴阳平衡，会对身心这个小宇宙产生重大的共振作用。甚至有的人在这一天会进入一种绝对的安静，进入时间，为什么呢？他认为在这一天与天体、与天文进行一次对应，相当于平常好长时间的用功，相当于快速充电，一小时相当于把平常慢充的十二小时的电给充够了。所以养生学家在春分、秋分这两个节日，是不放过一分一秒去做功课的。

春分这个节气在古代社会，被高度地哲学化了。它不但对农业生产具有指导性，对养生具有指导性，而且对中国人的认知方式、思维方式、行为方式、学术范式都有重大影响，比如中国人的辩证思想——阴阳辩证。

清朝曹庭栋的《养生随笔》里讲得非常妙，关于春分，他有一段论述："春冻未泮，下体宁过于暖，上体无妨略减，所以养阳之生气。"这个时候在穿衣上要减衣服，可以把上衣稍稍减一减，但是下身衣服千万不能马上减掉，要注意脚和腿的保暖，为什么呢？因为气候正是阴阳激荡的时候，我们的身体系统里面也是阴阳激荡，由于昼夜均长，所以在睡眠上一定要保证阴阳平衡，要睡子午觉。

在饮食上呢，他告诉我们这个时候饮食要应时应季，多吃生发的食物，比如说生姜、豆芽、韭菜、香椿，用这些来生发，然后用梨、百合、莲子这些来滋阴，用枸杞加一点菊花实现阴阳平衡。

阴阳平衡，是这时养生的一大特征。把握这时，古人尤其强调心情要保持在"中"上，保持在"中"上，对养生是一大福利。怎么样保持到"中"上呢？"身有所忿懥，则不得其正；有所恐惧，则不得其正；有所好乐，则不得其正；有所忧患，则不得其正。"就是不要愤怒、不要恐惧、不要忧患、不要喜欢这个喜欢那个、不要挑食，心情始终保持在一种平和喜悦的状态。

我在《中国之中》里反复描述过的一种人伦的状态，就是“中”。由春分这个节气诞生的、延伸的哲学系统告诉我们，在国家治理上，既要注重法治，也要注重德治；既要注重他律，也要注重自律。特别强调法治和德治的平衡。所以在社会治理上既注重创造、奉献、生产，又注重节约，又是一个平衡。创造财富是阳，节约财富是阴；用法律来管理人、惩戒人是阳；用道德来提升人是阴；他律是阳；自律是阴。给我们的认知方式最大的提醒就是，做领导的处理问题，看到东，就要想到西；看到发展，就要想到配套的治理。

现在倡导的“绿色、共享”，就是阴阳的思维方式；推动构建人类命运共同体也是阴阳的思维方式；在注重物质文明的同时，也要注重精神文明，也是阴阳的思维方式；在完成了物质共同富裕的时候，接着完成精神共同富裕，他是阴阳的思维方式。

任何天体的运行都是如此，有一个大星体，通常会有一个或多个小星体围绕它运转，微观世界也是这样，有原子核就有电子。无论是宏观世界还是微观世界都是阴阳的动态平衡，把这个秘密搞清楚，我们就知道，夫妻关系的经营就是“传家”根本中的根本。在中华文化中，孝道是第一美德，而孝道可操作性的路径就是处理好夫妻关系，而要处理好夫妻关系，就要运用好中华文化的阴阳辩证法。

从天文学角度看，春分是太阳到达黄经零度的时刻，太阳直射赤道，由此可知，春分带有起始的意义。中华文化讲“慎终如始”，春分是时间上的“始”，对于节气来讲，就是进入了一个新的轮回。

古代社会对时间的遵循到了什么程度？大家都知道皇历，哪一天适合出行，哪一天适合盖房子，哪一天是黄道吉日，结婚也要看黄道吉日，其实都是对天体的想象，有没有道理呢？这个我们不去评说，因为古人用了这么多年，肯定有其实践价值，但是有一点是肯定的，那就是随着经度、纬度不一样，投射到地球上的热量强度不一样。而在太阳系，能感受到最大的温暖和爱就是太阳。

古人把太阳的空间轨迹、地球的空间轨迹、月球的空间轨迹对应出来，是一个坐标。一个轴是时间，一个轴是空间，让人在这个坐标系里认识自己，在处理事情的时候就要考虑到时间的要素，考虑到空间的要素。在春天的时候就想到秋天，在北方的时候就想到南方，这种认知方式、思维方式、行为方式就比较辩证，不容易走极端，不容易让人冲动，不会今天去打这个国家，明天打那个国家，为什么呢？因为他看得远，他知道今天打了别人，明天别人一定会打你。他是一个链式思维、立体思维、多维思维。

我们讲“小康社会”，有一个重要的政策性的推动力就是南北对口扶贫、东西对口扶贫，其实这种对口的扶贫，它的规模、深度，世界上可能没有哪一个国家能做到。这就是一种领导人的整体思维，跟我们的天文认知是息息相关的。所以，春分决定了中国人的思维、认知和行为。

用清朝袁枚的话来讲：“春风如贵客，一到便繁华。来扫千山雪，归留万国花。”这个春风像贵宾一样，一来到人间，到处都是繁华，繁华怎么来的呢？是阳气让生气生发，让种子里的阴阳生机化。

春分跟秋分在中华文化里是两个盛大的节令，一代一代把它们演绎下来了。

清明

宋·王禹偁

无花无酒过清明，兴味萧然似野僧。

昨日邻家乞新火，晓窗分与读书灯。

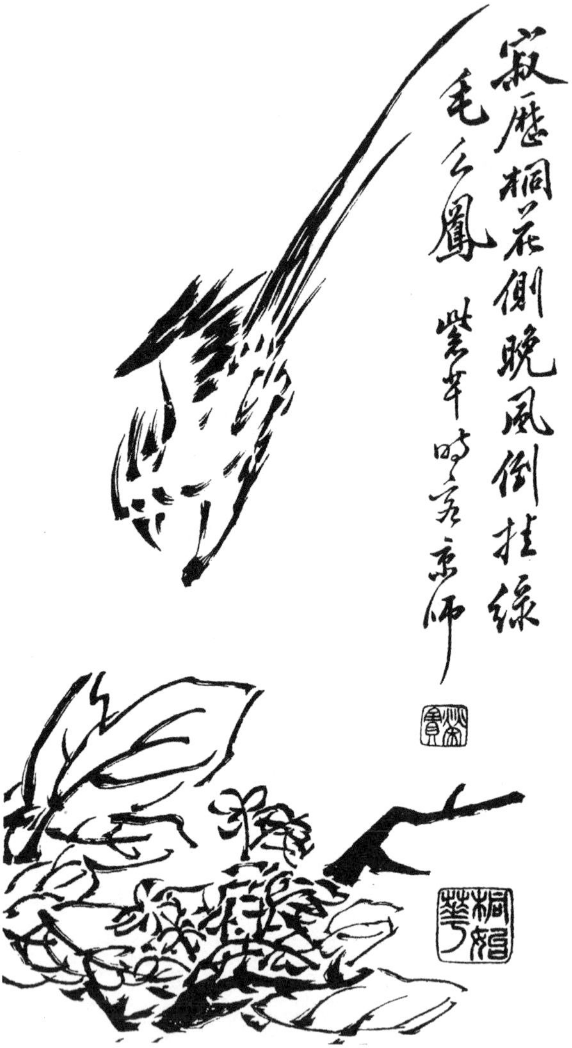
寂歷桐花側晚風倒挂綠
毛幺鳳
紫芊時客京師

清　明

一候桐始华，

二候田鼠化为鴽，

三候虹始见。

清明是很重大的一个节日，它是节气和节日的一个综合体。在春秋时期，就已经成为一个“流行”节日。唐朝杜牧有诗云：“清明时节雨纷纷，路上行人欲断魂。”说明在唐代，这个节日已经进入人们的心灵深处。

《月令七十二候集解》里讲：“清明，三月节。按《国语》曰，时有八风，历独指清明风，为三月节。此风属巽故也。万物齐乎巽，物至此时皆以洁齐而清明矣。”这一段话，就把清明的含义讲清楚了。

《淮南子》里讲："春分后十五日，斗指乙，则清明风至。"可见它跟春分是一种联袂关系。常听老人讲，春分之后是清明，而"清明前后，种瓜点豆"。到清明的时候，大地彻底地完成了阴阳的更替。

这个时候，和煦的春风吹拂，万物皆显出洁净而清明的景象，也就是说天清地明、风清气明。这个时候，先是白桐要开花了。接着喜阴的田鼠入洞，喜阳的鹌鹑出来活动了。继而因为雨水多，彩虹出现。万物呈现一种生机勃勃的景象，暮春时节到来。

在汉魏之际，清明和另外一个重大节日有关，那就是寒食节。寒食节在古代是一个非常重要的节日。开元年间，唐玄宗下令，把寒食节作为五礼之一，永为常态。在当时的太原等地，有长达五天的时间不动火这样的习俗，按照民俗学家讲，很可能源于古人当时的"换火"，古人用"换火"来表达对"新火"的欢迎，其实也是一种仪式性的祈福纳祥。

除了寒食节，还有一个节日，就是上巳节，这个节日是干吗的呢？魏晋时期，上巳节是非常盛大的一个节日。大家都非常熟悉的王羲之的《兰亭集序》，写的就是上巳节。《论语·先进》中写道："莫春者，春服既成，冠者五六人，童子六七人，浴乎沂，风乎舞雩，咏而归。”这一段话里描述的情景就是上巳节。上巳节有一个传统，就是大家到河中去沐浴，来祈福纳祥，享受大自然的和煦之风，放松自己的心情，让身心跟大自然合二为一。到了宋朝的时候，这三大节日就归一于清明了。

从清明节这三大板块来看，它在一定意义上象征了中华文化的特征。寒食节祭祖、扫墓，上巳节求子。祭祖的目的是护生，而中间呢？是清明。

如果说上巳节是中国的“情人节”，那么清明节无疑是中国的“感恩节”。有意思的是，这两个节日居然比肩接踵，让人不由赞叹中国人的智慧。昨天上巳节，今日清明节，如同一家人的前院和后院。前院求生，后院念死。环绕着前院和后院的，是青青杨柳和无尽春色。上巳节的主旨是幽会求子，清明节的主旨是鉴死知生。这两个节日的奇妙联袂，真是让人叫绝。幽会之后是求子，求子之后是祭祖，生死相续，以生观死，以死鉴生，一个中国人特有的“生命链”就这样形成了。它同时叮嘱我们，子不必求，因为子在祖德；祖不必祭，因为建功立业、光宗耀祖就是最好的祭。清明不是节日，清明其实是人格，中华儿女的人格。

我在《光明日报》发表过一篇散文《清明不仅是节日》。这些年，每到清明节大家转发率很高。有一个平台的转发一天的点击量是二十万，可见大家对这种观念还是比较认同的。这篇散文里面有一段话：

> 创设了清明这个节日的，无疑是一个大智者。
>
> 山水同在为“清”，日月同在为“明”，一个“同”字，道尽了天地秘密，也道尽了文化的秘密，特别是中华文化的秘密。无水之山少了情韵，无山之水少了风骨；无日之月少了热烈，无月之日少了温柔。水因山而不浊，山因水而不枯；日因月而不烈，月因日而不晦。这一切，都在一种“大同”之中实现了。
>
> 这便是清明。

所以清明既是节日，又是节气，更是中国人的人格。中国人教育后代，要活在一种既清又明的状态。清，它的延伸意义有清廉、清洁、清爽等。明，它的延伸意义有高明、光明、英明等。

生命在什么样的状态才是最佳的呢？那就是“清”和“明”。“清”代表着不污染，“明”代表着智慧，水至清的时候，它就有映照的作用。映射在人格建设上，就是要去除欲望、去除陋习，保持在一种不污染的人格状态、心灵状态、生命状态，就是要打扫生活环境，打扫心灵环境，打扫天人合一的障碍，让小整体跟大整体保持畅通。而“明”呢？就是只有日月同在，我们才能保持一种智慧的状态。日月同在，正是表达了中华文化的重大特征——阴阳平衡。所以古人在清明这个节气的前后，有许多文化活动，比如说放风筝。放风筝其实是借着风筝在春风中飘向天空，引导我们对天地整体的一种想象力，同时放风筝也是将身心融入天地之间的一种媒介。

清明更是感恩的节日，成为家祭、国祭的日子，这天，人们再忙也要回家祭祖。国家往往在这一天举行盛大的祭礼来缅怀祖先、缅怀先烈、缅怀英雄，用这种方式让后代记住祖先和先烈的贡献，以此激励后代向祖先学习、向先烈学习。一年一年、一代一代把中华文化的精髓传递下去。因此古人用清明这两个字，把天清地朗、万物明净，展示得淋漓尽致。

由此养生专家告诉我们，清明前后，特别要保持心灵的清和明。通过一冬天的食补，加之运动不够，身体里积蓄了过多的热量、脂肪等，在清明前后就要对它进行清理。所以这个时候，古人建议多吃升阳的食物，多吃具有清肝效果的食物，豆芽、菠菜、山药、生姜，这些食物能够清理血管，让腹内多余的身体负担得到清理。

这时，要特别注意保持心情的明快。踏青除有风俗的意义之外，主要是把身心放到大自然里去，让它保持与日月天地的一种共振。还有一个意义，按我的理解，只有踏青郊游累了之后，我们才能体会到那种“归”的惬意。庄子把死视为“归”，他说“视死如归”。通过清明这个节气，我们感受到人格文化、农历文化，还要感受生命的意义。因为它是从寒食节来的，寒食节让我们在怀念祖先的时候，感叹生命的无常、短暂，而上巳节又让我们看到了生命通过血脉系统、血缘系统得以延续。

由此可见，清明节是一个欢乐跟泪水交织的节日，是祭祖和求子交织的节日，是我们体悟生和死，由此建立“齐生死”观念的一个节日，是我们来念祖恩、念国恩、念天地恩的一个节日，所以显得无比重要。对于中国人来说，从来就没有生，也从来就没有死，因为中国人有怀念，真诚又深沉的怀念。怀念来自人格，人格来自奉献，奉献来自觉悟，觉悟来自天地精神、来自清明。

从人体来讲，一个人，只要他的身体是清的、是明的，那就是健康的。从家庭来讲，这个家庭是清的、是明的，这个家就能传下去。从国家来讲，如果官员都既清又明，那么国家就能够长治久安，百姓就会安居乐业。而天地间能够保持一种清和明的状态，大自然就没有灾害。所以清明节这个节日，它的象征意义、文化暗示意义特别重大，现在作为国家的法定假日，更显示了国家对它的重视。而这个节日到现在，已经成了中华民族的集体意识，海外华侨在这一天也以不同的方式过清明节，形成了中华民族的文化共同体。

由此，清明作为二十四节气中的一个特殊的节气，它既有自然时间的意义，也就是天时；也有人伦时间的意义，那就是人时。它具有自然的二十四节气的特性，又有人赋予它的特殊的含义，比如敬畏、感恩、怀念、祝福等含义，所以这个节气带有很强烈的文化意义。

在今天，我们讲实现中华民族伟大复兴的中国梦，推动构建人类命运共同体，更显示出它的时代意义。特别是在世界百年未有之大变局的今天，如果让全世界人民都能够通过这个节气了解中华文化的整体性，了解中华文化的天人合一性，了解中华文化的人格性，那就对人类的永续发展提供了建设性的意义。

由此可见，清明，它的文化意义，它的风俗学意义，它的哲学意义、心灵学意义、生命学意义，都非常丰富，值得我们去深入地挖掘、学习。

咏廿四气诗·谷雨三月中

唐·元稹

谷雨春光晓，山川黛色青。
叶间鸣戴胜，泽水长浮萍。
暖屋生蚕蚁，喧风引麦葶。
鸣鸠徒拂羽，信矣不堪听。

晓来雨过遗踪何
在一池萍碎春色
三分二分尘土一分流水
东坡咏杨花词 子芊

谷　雨

一候萍始生，

二候鸣鸠拂其羽，

三候戴胜降于桑。

谷雨是二十四节气中的第六个节气，也是春天的最后一个节气。古人讲“雨生百谷”。“谷”和“雨”这两个字连在一块，给我们无限的想象空间。人要生存，必须依赖于粮食，而五谷是主食，所以谷雨这样的一个节气，对于中华民族这个以农耕文明为主体的民族来讲，意义十分重大。

《月令七十二候集解》里讲，谷雨有三候：一候萍始生。由于温度的提高，水面上有了一种静逸的植物，那就是萍。萍作为一种植物，它的意义在许多成语里面都有表达，比如说“萍水相逢”。有人讲“萍”是由杨花所化，代表着一种美好的缘分。这第一候，给我们一种美好的缘分的启示。

二候鸣鸠拂其羽。鸠是布谷鸟，其实“鸠”这个字，还包含着安全在里面，什么给人安全呢？第一安全的保障当然是谷物，《新唐书》里讲“春不夺农时，即有食；夏不夺蚕工，即有衣”。人类要生存，第一离不开食物，第二离不开蚕丝做衣。二候讲鸣鸠拂其羽，可以想象到布谷鸟在催种了，小时候听到布谷叫，老人就说“布谷布谷，种豆播谷”，告诉人们不要错过农时。这个时候，也是农民最繁忙的时节。

三候戴胜降于桑。当戴胜鸟降在桑树上的时候，意味着桑叶将要繁茂起来，蚕事就要登场了。古人对这些物候的描述，把人类与天地之间的一种关系讲清楚了。我在《醒来》这本书里有一篇文章，叫《惜缘是一道升级题》，惜缘首先要“惜”天地给我们生命保障的“缘”。五谷对于人类来讲，它的奉献是一种天地精神的展现。五谷来到这个世间，从一个春天到另一个春天，牺牲自己来保障人类的生存。这就是天地精神，这就是毫不利己、专门利人。

可以想到一颗种子到另一颗种子，这个过程包含着多少时间的慈悲、天地的慈悲，有阳光、有雨露、有时间，而且谷物要经历风吹雨打，才能够成长为一粒新的种子。它还要经历脱皮的痛苦，还要经历在一百摄氏度沸水中的煎熬，然后供人食用。所以，五谷对于人类的恩情，那是无法用言语来形容的。谷雨一个“谷”字，一个“雨”字，把天地连起来，雨是从天上降下来的，五谷是从大地上长出来的，天地的关怀、天地的慈悲、天地的大爱，都包含在这个节气的命名里。

其实五谷和蚕吐丝都是一样的。蚕吐丝意味着要牺牲自己，奉献人类，这种精神是天地精神在动物身上的演绎。它用自己的生命来为人蔽体，以此做出牺牲和奉献。这样一种美好的意象，古人都把它写在谷雨里了。

既然享用了这样的天地馈赠，也要学习天地精神，要多奉献、少索取。《黄帝内经》讲：“春三月，此谓发陈。天地俱生，万物以荣。”这个时期要“生而勿杀，予而勿夺，赏而勿罚”。这样一讲，就更能理解谷雨为什么要“生而勿杀”，为什么要“予而勿夺”，为什么要“赏而勿罚”，因为这个时候天地之间都是一种奉献的状态、给予的状态，这就是天地精神。由此，我们就能理解，为什么古人用这样的意象来给这个节气命名。因此，谷雨的三候，萍始生、鸣鸠拂其羽、戴胜降于桑，似乎是一场大戏，演的是什么主题呢？那就是奉献，那就是牺牲自己，成就大整体中包含的一切生命，是一种生命的审美。

现代人很难体会古人在做这样的描述的时候的心境，那是一种美好的嘱托、美好的祝福！

中华文化的重要特性是整体性和天人合一，如果真的懂得了这种天地精神，就很容易进入天人合一的境地。所以，古人在谷雨前后要采茶，通常叫“雨前茶”。大家都知道有“明前茶”，就是清明前采的茶，“雨前茶”就是谷雨前采的。古人在采茶的时候，都有许多仪式。在采茶的过程中，表达对天地精神的一种回敬。在谷雨前后，还要去看牡丹，牡丹也叫“谷雨花”。在谷雨前后牡丹就登场了，许多地方在谷雨前后举办牡丹花会，那是很盛大的节令的狂欢。

在谷雨前后，养生也成了一个非常重要的话题。为什么呢？这个时候雨水多，雨水多湿气就重，而湿气排不出去就会产生春困，人很容易打瞌睡，总觉得睡不醒，身体沉重，所以谷雨前后祛湿，这是养生学的一个重点课题。

怎么祛湿呢？古人有许多方法，比如说当令的香椿，就是古人用来祛湿的一个好食材。再比如茯苓粥，把茯苓跟粳米组合熬成粥，茯苓少许，粳米三倍左右，熬成粥，具有祛湿、和胃、滋阴的作用。还有赤小豆薏仁粳米饭，就是把赤小豆、薏仁跟粳米搭配，各三十克左右，把它煮成饭食用。这三样食材都性平，具有祛湿、健脾、和胃、补中益气的作用，是祛湿的“主力军”。还有山药、豆芽、菠菜、海带，这些食材都可以帮助我们补中益气、健脾和胃、祛湿。这个时候最好别吃生冷的食物，一定要吃熟食，要多运动，多到户外去踏青。同时也要多补充水分，保持我们体内的水分平衡。

谷雨作为二十四节气中春天的最后一个节气，意味着交接，把春信交给夏天，让人有一些伤感，我们要跟春天做暂时的挥别；但也正是这样一种挥别，才让我们迎来了夏长的时刻，春种、夏长、秋收、冬藏，作为一个循环，在这个时候是一个驿站，“春有百花秋有月，夏有凉风冬有雪”，而谷雨作为春天的最后一程，让我们生发出许多生命的联想，那就是要珍惜春光，莫负春光。在这样的一个美好季节，要多奉献，向五谷学习，向蚕桑学习，向天地精神学习，提升我们的人格，赋予我们人生永远的春意。

立夏

宋·赵友直

四时天气促相催，一夜薰风带暑来。
陇亩日长蒸翠麦，园林雨过熟黄梅。
莺啼春去愁千缕，蝶恋花残恨几回。
睡起南窗情思倦，闲看槐荫满亭台。

隔岸風來聞鼓吹柳含深處有園亭
榮寶主人作

立 夏

一候蝼蝈鸣，

二候蚯蚓出，

三候王瓜生。

立夏是二十四节气中的第七个节气，从这个节气开始，大自然将要进入夏天。《历书》中说："斗指东南，维为立夏，万物至此皆长大，故名立夏也。"就是说当北斗七星的斗柄指向东南的时候，就算是立夏了。

这个时候，有三大物候：一候蝼蝈鸣，二候蚯蚓出，三候王瓜生。"蝼蝈鸣"是说这个时候青蛙开始叫了，还有一种说法，蝼蝈是地底下的一种小虫，开始鸣叫了。而蚯蚓是喜阴的动物，这个时候也要出来了，我们都知道蚯蚓可以松动土壤。到第三候的时候，“王瓜生”。王瓜是一种藤蔓植物，按中医的说法，它归于心经、肾经，具有清热生津的作用。古人选择物候的时候，都是跟人体的五脏六腑对应的，夏天属于“心”，列举的食物有药用价值，那就是“王瓜生”。

《月令七十二集解》讲：“立夏，四月节。立字解见春（意为“立”字的解释见《月令七·十二集解》中“立春”部分中对“立”的解释）。夏，假也。物至此时皆假大也。”这个“立”就是“建始”的意思；“夏”是假，也就是大，也就是长。所以立夏就意味着大自然进入一种长的频率。春天是天气下降，地气上升，天地和同，草木萌动；而夏天是天气下降，地气上升，万物并秀。所以植物由花到蕊，就是古人讲的由英到秀，就是植物受精了，要结果了，这个过程就是一种阳气更加显露的过程。

《礼记》中讲：“养之，长之，假之，仁也。”它的意思就是说，夏天是一个既养、又长、又大，又假借于天地的仁慈成长的过程，给我们表演的就是天地的仁慈、仁爱、仁厚，果实在这个时候，秉承了天地的这种仁慈和大爱，服用它就有营养。吃食物，吃的是什么呢？吃的就是天地的爱、天地的仁。中国人用词很有意思，我们说花生仁、杏仁，这个“仁”就是仁慈的“仁”，其实就是天地的大爱、天地的厚爱、天地的慈悲、天地的父母心肠，我们吃有“仁”的食物，就要把这个“仁”回报给社会，做一个有仁义之心、仁爱之心的人。

夏季怎么养生呢？《黄帝内经》讲得很清楚：“夏三月，此谓蕃秀。天地气交，万物华实。夜卧早起，无厌于日。使志无怒，使华英成秀。使气得泄，若所爱在外。此夏气之应，养长之道也。”如果我们不这样做呢？“逆之则伤心，秋为痎疟，奉收者少有”。这段话，跟春天的养生对照着读，非常有味道。

春天养生，“春三月，此谓发陈”；到夏三月呢，成了“蕃秀”了，就是一片繁茂。春天是“天地俱生，万物以荣”，而夏天是“天地气交，万物华实”。“华”就是花朵，要结果实了。这个时候是“夜卧早起”，春天是“广步于庭，被发缓形，以使志生”，而夏天是“无厌于日”，就是要多晒太阳，补充阳气。这时候特别强调“使志无怒”，就是不能生气，为什么呢？夏天是属于“心”，如果生气了，就会伤到心，所以要“使志无怒”。只有“使志无怒”，才能使“华英成秀”，因为小宇宙跟大宇宙对应，大宇宙这个时候，是要从花到蕊、到秀的过程，就是开花、吐蕊到受精、结果。作为人呢，在夏天也是“华英成秀”的时候，怎么样才能“华英成秀”呢？一定要养静气，一定不能生气。因为人一生气精气神无法变成“华英成秀”，就无法成为秋冬所用的果实、生命力的果实、精气神的果实。

所以，夏天养生，重在心情要平和、宁静，因为夏天属“火”，人很容易愤怒、上火、发火。“若所爱在外”，就像外面有一个你喜欢的东西一样，就是把你内在的冬天春天蓄积的东西宣泄宣发，“使气得泄，若所爱在外”，这是养长之道。春天是养生之道，夏天是养长之道。春天是春气之应，现在是夏气之应，古人用字太精妙了。所以说“生长”，生对应的是春，长对应的是夏，“此夏气之应，养长之道也”。如果我们不按照《黄帝内经》里讲的这样做，会有什么后果呢？“秋为痎疟”，秋天就会有疟疾。

古人真厉害，从春天就能预言秋天。《黄帝内经》早讲清楚了，它从夏看到秋、看到冬，是一个系统、是一个整体。由这一段话，在养生上总结几条：最重要的就是夏天是养长的季节，是“华英成秀”的季节，特别要保持心情的平静，不能上火，因为夏天心火会偏旺。

在食材上，就要多吃一点能够让心情宁静的食物，多吃一些苦味的食物，苦瓜、莲子之类。还有一种说法就是“冬吃萝卜夏吃姜，不劳医生开药方”。夏天为什么要吃姜呢？因为吃姜能够把体内蓄积的一些阴气、湿气，在夏天借助于排汗宣泄出去，此谓“冬病要夏治”。因为秋天是收的季节，冬天是藏的季节，不利于这种宣泄式治疗，夏天就是治冬病的最好时期。但也因为是在夏天，要注意不能出汗太多，出汗太多会丧失我们的心气。

有些人到夏天感觉特别困，那就是因为出汗太多。古人认为汗也是血液，所以保持在一个“中”就是最好了。夏天特别要注意少吃油腻的、辛辣的、高蛋白、高脂肪的一些食物，以清淡为主。因为这个时候大自然本来给人补充了很多阳气，所以羊肉、牛肉，这些生阳的、补阳的食物要少吃，多以清淡的食物为主。

在音乐上，也要听一些能让我们宁静下来、让我们心情平静的音乐。运动以微出汗为好，就是不能过度运动、剧烈运动，这个时候的锻炼以打太极拳、练八段锦这些舒缓的运动为主。

立夏，对应在人格建设上，就要我们保持谦虚，保持宁静，让春天的生、夏天的长变成我们的生命果实，来回报天地的仁慈、天地的大爱。

吴门竹枝词·小满

清·王泰偕

调剂阴晴作好年，麦寒豆暖两周旋。

枇杷黄后杨梅紫，正是农家小满天。

人能嚼得
菜根则百事
可做诗云谁谓
茶苦其甘如荠诚
先得我心制
子谦

小满

一候苦菜秀，

二候靡草死，

三候麦秋至。

小满是二十四节气中的第八个节气。在二十四节气里，小满是最有哲学意蕴的。《月令七十二候集解》中讲：“小满，四月中。小满者，物至于此小得盈满。”在这里古人用“小得盈满”来概括当时的物象、物候。小满有三候：一候苦菜秀；二候靡草死；三候麦秋至。有些典籍里讲，三候“小暑至”，到《金史志》里面就改为“麦秋至”。因为古人以万物的生长为春，以万物的结果为秋。从这三候里可以看出来，“苦菜秀”“靡草死”和“麦秋至”，描述了一种阳气渐盛的状况，苦菜在《诗经》里就被描述过，“采苦，采苦，首阳之下”，可见它是我国黄河中下游一带非常古老的一种菜蔬。《本草纲目》里讲到苦菜有一个特点，如果长期食用能够益心补气。所以它既是菜也是药，现代科学也发现苦菜具有清热解毒等诸多功效。而靡草指的是一种枝叶很细的草，它是喜阴的草，随着阳气之盛，它就渐渐地死去了。麦秋至指的是小麦的籽粒就要灌浆，将要成熟了。

关于小满，古代的文人墨客有许多美好的赞颂，比如欧阳修的诗句“麦穗初齐稚子娇，桑叶正肥蚕食饱”，就非常有诗情画意。王安石也写过：“晴日暖风生麦气，绿阴幽草胜花时。”在这里我们能够体会到古人对“麦”这种植物的一种由衷的赞美。小麦，特别是冬麦，是在秋天播种，冬天生长，第二年的夏天收获，要经历四季，所以它饱含的天地精华就比较充足，它经历了四季，所以营养成分就很丰富。古人以小麦作为主食，有它的天文学根源的。从这三候可以看出来，这是夏天将要到达高潮的一个前奏，所以古人把四月也叫“麦月”“余月”等。

而小满期间的养生，就要注重祛湿。古人讲“千寒易去，一湿难除”，就是说如果受寒了，可以用各种方法除寒，但是身体里面的湿气一旦形成，是很难除去的。小满时节大河小河的水都满了，人很容易被湿气侵袭。所以古人在小满前后养生，就特别注重祛湿。古人用什么方法祛湿呢？用薏仁、粳米、茯苓等食材。古人还讲“食三鲜”，这“三鲜”就是黄瓜、蒜薹和樱桃。到了夏天，人的汗液分泌太多会影响到心气，古人认为“汗为心之液”，仅靠喝水补充水分不够，所以古人就用黄瓜、樱桃、蒜薹这些食材来补充水分。

小满作为夏天的一个即将到达高潮的节气，古人认为要特别注重对心情的保护，要心情平静，千万不能动怒。在音乐上要听徵调的音乐，比如说《文王操》《步步高》《喜洋洋》这些能够让我们心情舒朗的音乐。

小满作为最有哲学意味的一个节气，古人给它赋予的哲学含义非常深厚。比如有大、小寒，为什么就没有大、小满？这是古人的智慧之处，在小满之后不是“大满”而是芒种，这是古人从文化的角度给人们的一种规诫。因为中华文化主张“中”，主张以谦德对人。曾国藩推荐给他的子侄读的第一本书《了凡四训》的最后一章讲“惟谦受福”，其中引用《周易》中的话来讲：“天道亏盈而益谦，地道变盈而流谦，鬼神害盈而福谦，人道恶盈而好谦，是故谦之一卦，六爻皆吉。”在这一本书里面有一个很著名的成语，那就是“惟谦受福”，这个“惟”字把谦德的益处讲到了极致，就是说在所有的美德里面，唯有谦德可以让我们获得福气，可以让我们吉祥如意。《了凡四训》里有著名的“六思”“六想”，比如“六思”讲：“远思扬祖宗之德，近思盖父母之愆；上思报国之恩，下思造家之福；外思济人之急，内思闲己之邪。”把人每天的念头引导到这“六思”上。同时它还让我们保持“六想”：“即命当荣显，常作落寞想；即时当顺利，常作拂逆想；即眼前足食，常作贫窭想；即人相爱敬，常作恐惧想；即家世望重，常作卑下想；即学问颇优，常作浅陋想。”就是告诉我们“谦受益，满招损”。

在麦子即将灌浆的时候，将要饱满的时候，古人用小满这个节气同时提醒人们在人格修养上一定要保持戒骄戒躁，保持谦德。《菜根谭》里说：“君子宁居无不居有，宁处缺不处完。”什么意思呢？就说真正的君子一定要保持一种谦虚的状态，不盈满的状态，也就是“小得盈满”，而不能“大得盈满”。《周易》的乾卦讲到人生的“六个境界”。“初九，潜龙勿用”；“九二，见龙在田”；“九三，终日乾乾，夕惕若厉，无咎”；“九四，或跃在渊，无咎”；

“九五，飞龙在天，利见大人”；“上九，亢龙有悔”。告诉我们到了“九五”的时候就是最好的状态，既“中”又“正”的状态，这就是中正之卦。如果再往上走，到“上九”的时候，就会“亢龙有悔”，走向反面了。

古人特别注重保持在一种“花未全开月未圆”的生命状态，而不要追求极致的人生、极致的事业。所以，在这个节气里面，饱含着古人对后人的关怀、劝诫、提醒！

在民间，小满在各地都是盛大的节日，比如南方有些地方这个时候要祭祀蚕神，当地人认为小满是蚕神所变。在我的家乡，小满也有一种传统，就是到龙王庙里“稳麦穗”。我在长篇小说《农历》里写到人们到庙里稳麦穗时候的一种情景：“小满小满，麦王不懒；小满小满，龙王赏脸；小满小满，岁岁保险；小满小满，芒种不远。”

在许多古老的传统里面，其实表达了一种人们对天地精神的一种礼赞。小满时节，到麦田边，就能闻到一种氤氲着的麦气，确实非常醉人。可以想象，麦子就要成熟了，作为五谷里最可口的食物，麦子就要籽粒饱满了，就要收割上场了。对于小孩子来讲，意味着香喷喷的新麦面将要被母亲烙成饼子。所以，在小满这个节气里面，古人留下了太多的礼赞，事实上就是对天地精神的礼赞，对保障我们生命的最可口的食物的一种礼赞，它是二十四节气里一个香喷喷的节气！

咏廿四气诗·芒种五月节

唐·元稹

芒种看今日，螳螂应节生。
彤云高下影，鴳鸟往来声。
渌沼莲花放，炎风暑雨情。
相逢问蚕麦，幸得称人情。

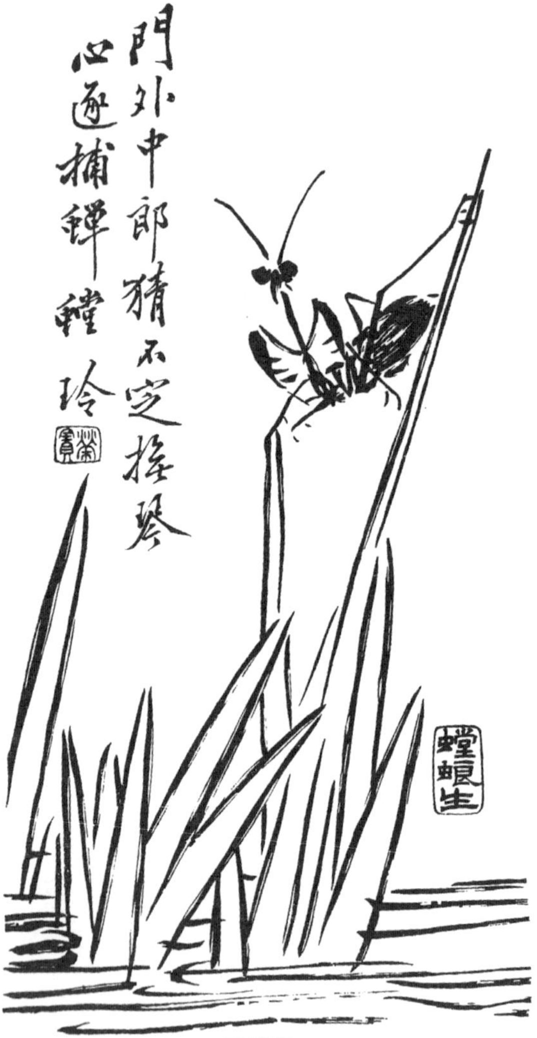
門外中郎猜不定撫琴
心逐捕蟬
鍾玲
螳蜋生

芒　种

一候螳螂生，

二候鵙始鸣，

三候反舌无声。

芒种是二十四节气中的第九个节气，也是夏天的第三个节气，这个时候，北斗星的斗柄指向巳，太阳到达黄经七十五度，是干支历午月的起始。《月令七十二候集解》中讲："芒种，五月节。谓有芒之种谷可稼种矣。"说明这个时候有芒的麦子要收割了，稻子、黍、稷要下种了。所以芒种是二十四节气里最忙碌的一个节气。语音往往有关联性，所以"芒"同忙碌的"忙"，这是农民最为辛苦的时候。

按照古人的说法，这个时节有三候：一候螳螂生，二候鵙始鸣，三候“反舌无声”。这三个物候非常有意思，螳螂我们都知道，具有高超的模拟功能，会变色，它是感到阴气而破茧出生。而“鵙”就是成语“劳燕分飞”中的伯劳鸟，这个鸟感觉到阴气的时候就开始鸣叫。而反舌鸟呢，感受到阴气它就收声了。这个三候让我们强烈地感受到，中华文化讲的阴阳二气运行的辩证法。按说芒种应该是极热的时候，怎么会有阴气相生呢？这就是古人讲的阳中有阴，阴中有阳，也就是太极图里面讲的阳中阴、阴中阳，是一种辩证的存在。

从这三候可以得到许多人生的启示：第一个就是感受到外热的时候，就要想到内湿内阴已经发生了。古人选择这三候，是告诉我们人生最好的境界就是要找到“中”，也告诉我们，人生在到达巅峰的时候要想到低谷，处于低谷的时候也要展望高峰。

关于芒种，古人留下了许多诗文，比如说陆游写过：“时雨及芒种，四野皆插秧。家家麦饭美，处处菱歌长。”陆游是一位有天地精神、有平民情怀、有家国情怀的诗人，他在这些句段里传达出来的一种天地精神、一种时令精神、一种平民情怀。每年芒种的时候，新麦子就下来了，这个时候我们能吃到新麦子、新麦面，所以芒种古人也叫“面月”。

芒种时节南方“送花神”的习俗。古人用送花这样的一种仪式，要让我们抓住生命中的每一个环节，每一个点点滴滴，把生命的质量、密度加大、提高，让人生不虚度。

芒种对我们的第二个启示就是我们每天吃的饭“粒粒皆辛苦”，饱含着农民的汗水和心血。收过麦子的人都感受过麦黄六月收麦子的那种辛苦，汗水和着麦芒的那种痒，是一般人忍受不了的。骄阳当头，可以说如芒在背，麦子的锋芒和太阳的光芒交织在一块让人特别难受，但是最有营养的麦子、稻子这些主食，正好就是在这时候要收割，要下种。因此，我们第一，不能浪费；第二，要用奉献精神回报农民的辛劳。

芒种对我们的第三个启示，就是“春争日，夏争时”，就是说，关键的事情一定要及时做，行孝不能等，行善不能等，行孝要及时，行善要及时，要争分夺秒。古人认为珍惜当下，其实就是珍惜每一个如“芒”一般的生命的单元。

芒种时节也是养生的一个关键点，对南方地区的人们来讲，这个时候重点就是祛湿，而对北方地区的人们来讲重点就是降燥、除热。古人在这个时候，对应的方法就是多吃苦味的食物，比如说苦瓜、苦苦菜、莲子、百合，来降心火。像黄瓜、丝瓜这些食材也是宝贝，古人还用赤小豆、薏仁、山药煮粥祛湿。

这个时候，气温很高，除了物理防暑，更要心理降温。古人讲“心静自然凉”就是这个道理，心情越平静，越能降燥祛湿。《黄帝内经》里讲“静则神藏，躁则神亡”，这个时候要安神，特别是对于一些有睡眠障碍的人，一定要心情平静，多听徵调的音乐，让心情平静下来，多读让人安详的书，让心情平静下来。

而这个时候对应的节日就是端午节，所以在芒种前后还有一个非常重要的养生食材，那就是艾草，艾草有暖血温经、行气开郁的作用。古人讲要用陈艾，而不要用生艾，陈艾的效果最佳。古人对字的读音常常有联想性，艾草的“艾”音同热爱的“爱”、仁爱的“爱”、博爱的“爱”，是天地为人类恩赐的一种养生草、保健草、长寿草。

我在长篇小说《农历》的“端午”一章里写到了艾草：

艾叶香，

香满堂，

柳枝插在大门上，

出门一望麦儿黄，

这儿端阳，

那儿端阳，

处处都端阳。

艾叶香，

香满堂，

柳枝插在大门上，

出门一望麦儿黄，

这儿吉祥，

那儿吉祥，

处处都吉祥。

…………

端午节作为法定节假日之一，有许多风俗活动跟艾草有关，人们为什么要在大门上插艾草呢？因为它能除秽除疫。

端午跟芒种往往是携手而来，而芒种这个节气，在人格建设上也给我们许多文化启示和哲学启示，一定要注意营养平衡，一定要注意谦德的培养。因为这个时候阳气将要到达顶点，按照天人合一的原理，就要防止阳盛阴生。此时，作为人生规划来讲，就要准确地把握，及时地对生命进行转段，也就是我们现在讲的转型，进入新的周期，而不要把生命推向顶点，盛极则衰。此时，一定要保持心情清静，饮食要清淡。

芒种这个节气很重要，因为芒种之后就是夏至了，夏至在二十四节气里面是非常盛大的，是古人神化了的一个节气，而芒种就是它的前奏。

夏至

宋·范成大

李核垂腰祝饐，粽丝系臂扶羸。

节物竞随乡俗，老翁闲伴儿嬉。

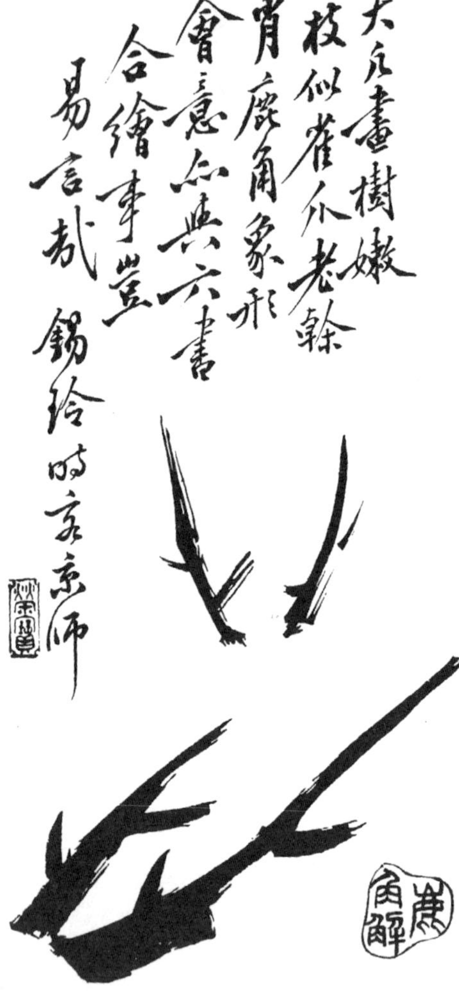
大凡畫樹嫩
枝似雀爪老榦
肖鹿角象形
會意而與六書
合繪事豈
易言哉 錫玲時客京師

夏至

一候鹿角解，

二候蝉始鸣，

三候半夏生。

夏至是二十四节气中的第十个节气，也是夏天的第四个节气。夏至这一天，太阳直射北回归线，到达黄经九十度，北斗七星的斗柄指向午这个位置。《月令七十二候集解》中讲："夏至，五月中。"《韵会》中说："夏，假也。至，极也，万物于此皆假大而至极也。"可见这个时空点是北半球阳气最盛的一天，通常在每年阳历6月21日或22日。

那么作为一个"至"的节气（古人认为有"二至"：

夏至和冬至，是最先确定的节气），通常古人也把这天叫“夏节”或者“夏至节”。在周代的时候，这一天是盛大的日子，宋代的时候夏至前后要放三天公假，明清的时候帝王要在地坛祭地。可见夏至这一天，作为春夏的一个重要的时间点，它有时令上的意义，也有节日的意义。

夏至有三候，一候鹿角解。鹿是属阳的兽，这个时候感到阴气，鹿角就脱落了。二候“蝉始鸣”。雄性的蝉感觉到阴气到来，就开始鼓腹而鸣。蝉衣是一味药，能够治痢疾等各种疾病。三候半夏生。半夏是属阴的药草，感到阴气就开始生长了。半夏也是一味重要的药，能够解毒降燥，有重要的药用价值，当然半夏也有毒，古人在用半夏的时候要经过特殊的炮制。

由这三候就可以清晰地体味夏至了，阴气开始生了。古人讲“冬至一阳生，夏至一阴生”，是一个重要的阴阳交接的时间点。夏至的节俗，不少都挪到端午节里去了。

现在一讲“端午”，好多人就说这是纪念屈原的，对不对呢？也对，但不全对。其实“端午”来自夏至、芒种这两个节气。“端午”的“午”是“斗指午”的“午”。

那为什么叫“端午”呢？因为古人用二十八宿的天

文来指导人文生活，“端午”的时候，青龙七宿到了正南方的正中，这个情况跟夏至呼应，就是青龙七宿，特别是中间的那个“心”到了最亮的时候在南方的正中。角、亢、氐、房、心、尾、箕这七个星宿就是青龙七宿。我们常说的“七月流火”，指的就是“角、亢、氐、房、心、尾、箕”的“心”，就是星宿“心脏”的那个部位最亮的时候。现在好多人把这个成语解释错了，以为“七月流火”就是指夏天太热，其实这一天天气就要转凉了。所以，端午事实上是古人对龙的崇拜，有许多地方有赛龙舟的习惯，其实就来自对龙——青龙七宿这个天象的崇拜，跟白虎、朱雀、玄武是对应的。

过端午，事实上是古人用天文跟人文的对应，提醒人们这一天到了阴阳交接的时候。《周易·乾卦》：“初九，潜龙勿用。九二，见龙在田，利见大人。九三，君子终日乾乾，夕惕若厉，无咎。九四，或跃在渊，无咎。九五，飞龙在天，利见大人。上九，亢龙有悔。”其实这六个爻描述的就是龙星运行的一个过程。那么到了端午，相当于“飞龙在天”的这种状态，因此古人认为这一天既中又正，是非常吉祥的一天。古人对数字进行联想，五月五，是两个“五”，那就是两个“飞龙在天”，就非常吉祥。

俗话说“冬至大如年”，古人对夏至也非常重视。因为这时候新麦面下来了，我们要做面来感恩天地，所以常说“吃过夏至面，一天短一线”，这一天之后，白天越来越短，夜晚越来越长。韦应物的诗“昼晷已云极，宵漏自此长”写的就是这个意思。

夏至这个节气，充满着哲学味道，在阳盛到极致的时候，一阴开始生了。好多人不懂这个道理，夏天就贪凉，喝冷饮、吃冰镇西瓜，往往就会留下生理疾患。《伤寒论》里就讲：“五月之时，阳气在表，胃中虚冷，以阳气内微，不能胜冷，故欲著复衣。”什么意思呢？就是说夏至的时候，阳气在我们身体的表面，脾胃就是虚寒的，如果这个时候吃冷的，寒加寒、冷加冷，脾胃就受伤了。所以，夏天常见的疾病就是腹泻，甚至有些人在夏季会感觉到关节疼，容易感冒，这都是饮食不当造成的。

古人在夏至前后养生，特别注重养阳。这个时候有两个部位要特别注意保暖，一个就是后颈、后背，因为夏天腠理要散开，要把热量带出去，所以毛孔都是开的，这个时候风寒极容易侵袭到体内。古人讲“三风”最要注意保暖，就是风池穴、风府穴、风门穴。还有一个需要保暖的地方就是腹部，特别是小孩儿，因为腹肌特别薄，这个时候就要特别注意腹部的保暖。

《伤寒论》里讲，这个时候要“著复衣”，这个“复”有两层含义，第一是“再”的意思，第二同腹部的“腹”。古代孩童一定要穿一个肚兜，大概就是由此而来。夏季养生，要防寒气的侵蚀，要防“空调病”。即使天再热，在晚上睡觉也要保护好腹部不能受寒。好多人一热就打开空调，空调如果直着吹我们，冷寒之气就会进入我们的体内，严重的还会造成面瘫、关节炎、腹泻……其实有好多好像是感冒又不像感冒的腹泻，往往就是“空调病”，而且带有长期性。

这个时候古人常用食材来养阳，特别是这两样东西：一个是艾草，端午要插艾，要熏艾，要带香包；另一个就是药食同源的生姜。姜这个食材有很多的功用，比如说解表散寒、温中止呕、化痰止咳、解鱼蟹毒。因为古人认为鱼蟹是有剧毒的，而且寒凉所以，用生姜来解毒除寒。古人也认为海中的产品、水中的产品往往是大寒，长期食用就让寒湿积累在体内，因此用服生姜予以平衡。孔子一年四季要食姜。生姜是宝，风寒感冒，喝一碗姜汤，马上就好。

此时，在养生上要防止体内虚寒而导致湿邪发生，可用薏仁、赤小豆来祛湿。

夏至既然是阴阳交接的时候，古人就认为这一天要静坐，用心理的调节来带动生理的调节。古人认为夏至、冬至、春分和秋分，如果能够很好地做到跟大自然的交感，即天人合一，就会获得大宇宙对我们的能量补给。所以古人在“两至”“两分”这四个节气往往注重减少饮食，来开辟我们生命的第二能量通道，也就是古人讲的辟谷、瑜伽、静坐。因为古人认为，天体的运行到了特定的时空点，这个大宇宙跟我们身体的“小宇宙”会有特殊的能量交换，要用特定的仪式感带我们走进大宇宙和“小宇宙”的共振。这也就是在这一特定的时空点过夏至节、过端午节、过芒种节的原因。因为古人认为，只有我们完全地安静下来，才能够跟大宇宙进行交感，所以古人认为这一天就特别要注重心情放松、身体放松，暂时停下来，用心调频，跟随大自然调频，跟随天体调频。

“角、亢、氐、房、心、尾、箕”这青龙七宿运行到一个“飞龙在天”的状态，那就是最好的了。古人就用这样的青龙七宿给人生做了一个哲学化的建议：将“潜龙勿用”比作学生的求学阶段，那这时候就是一种能量储备阶段，要用心学习，不能忙着赚钱。到“见龙在田，利见大人”的时候就要开始表现了，而表现之后在众目睽睽之下那就要把握好，这个时候如果没有贵人相助、大人扶持，往往会栽跟头。所以，古人建议此时一定要注意表现得恰当，而且要把握好时机，要向大人物、向贵人求教、求助，获得帮助。到“九三”“君子终日乾乾，夕惕若厉”，就进入人生的第三个阶段了，在这个阶段，要做极致的努力和奋斗，才没有过错，才不会有危险，才会“无咎”。这个“终日乾乾，夕惕若厉”也是观测天象的一种状态，就是白天要观测，晚上也要观测，引申为要付出不亚于任何人的努力，来获得生命成长的资本。到“九四”“或跃于渊”，在经过充分的努力、极致的努力之后，一下子从深渊中跃出来初战告捷。而最后极致性的人生就是“飞龙在天”，“飞龙在天”之后是“利见大人”，这个时候能不能遇到贵人相助，能不能遇到领导的赏识，能不能遇到关键性力量的帮助就很重要，这个生命状态古人称为“中正之时”，对应在季节上就相当于夏至了。同时它也意味着我们将要进行人生转折，到“上九”，就是“亢龙有悔”，到这个时候往往会走向反面。所以，古人认为人生到“中正之时”，就是最好的状态了，就要把握向下一个生命周期转换。古人把这样的一种生命过程，用“天行健，君子以自强不息”来表述，告诉我们人生的意义就是在不断的奋斗中、不断地把握最好的时机中向更完美的境界迈进，也就是《大学》里讲的“止于至善”。这就是夏至给我们的启示。

可见古人为一个节气命名的时候，往往有人格上的暗示、建议和关怀。所以一个人也好，一个团队也好，一个家庭也好，一个民族也好，都要在乾卦中，在青龙七宿的运行中，在夏至、端午这些节气中获得辩证法的启示、认知方式的启示、思维方式的启示，让生命把损失减少到最小，把成功最大化。

咏廿四气诗·小暑六月节

唐·元稹

倏忽温风至，因循小暑来。

竹喧先觉雨，山暗已闻雷。

户牖深青霭，阶庭长绿苔。

鹰鹯新习学，蟋蟀莫相催。

讀書之樂無窮
瑶琴一曲来薰風
伊山麓民

小　暑

一候温风至，

二候蟋蟀居宇，

三候鹰始鸷。

“倏忽温风至，因循小暑来。”小暑是夏天的第五个节气。随着小暑的到来，三伏天也要到来了。《月令七十二候集解》中讲：“暑，热也。就热之中，分为大小，月初为小，月中为大，今则热气犹小也。”

“暑”这个字是个会意字，上面一个“日”，下面也是一个“日”，可见它是一种上面的热和下面的热联手造就的一个时间段。因为阳光正盛，而大地吸收的热量正要释放，所以从小暑到大暑，是一年中最热的时候。

民谚讲“小暑大暑，上蒸下煮”，民谚还讲“小暑大暑，有米懒煮”，就是说，天气炎热，人们普遍食欲大降，有米都懒得煮了。

小暑有三候：一候温风至，二候蟋蟀居宇，三候鹰始鸷。一候的时候热浪滚滚。二候蟋蟀居宇，蟋蟀是我们的一个“预报员”。《诗经·豳风·七月》中讲：“七月在野，八月在宇，九月在户，十月蟋蟀入我床下。”是说七月蟋蟀在田野，八月来到屋檐下，九月进门口，十月钻进我床下。多么形象！从七月到十月，可爱的蟋蟀给我们一一报幕。三候鹰始鸷有两种说法：一种说法是，这个时候因为大地太热，鹰到了高空去盘旋纳凉。《礼记》中讲三候是“鹰始击”。什么意思呢？就是说这个时候鹰已经感受到了一种杀气，因为天要变凉了，所以它练习搏击长空来迎接杀气。

这个时候，正式的三伏天就到来了。“伏”有“伏藏”的意思，告诉我们这个时候，就要藏起来。所以从小暑到大暑这段时间，也是养生的一个非常重要的时间段。这时养生要注意什么呢？要防中暑，要避免太阳直射，要避免食用肥腻辛辣的食物，要避免大汗淋漓，要保证睡眠，特别是要保证午睡。因为夏天对应的是心脏，所以养心就是小暑这个时间段最要注意的。因为心经在十一点到十三点当令，所以，保证午睡就能很好地养护心脏。

古人认为“五液”对五脏，汗液对应的是心脏。如果出汗过多，就会伤心脏的阳气。小暑到大暑期间特别要防止中暑。古人应对中暑有好多妙方。医家说，小暑到大暑，有一味药是必备的，那就是藿香正气水。藿香杀菌，防暑，治中暑。有经验的家长也会准备一些荷叶，或者提前烧一些荷叶茶，因为荷叶就具有防暑的作用。比如荷叶和粳米搭配熬粥，荷叶和丝瓜搭配熬粥，荷叶单独泡茶喝，都能够预防中暑，在中暑之后也可以治疗。

《黄帝内经》讲：“阳气者，若天与日，失其所，则折寿而不彰。”就是说，阳气就像天和太阳一样，如果失掉了它，就要损伤我们的生命力。这时，要注意祛湿，多吃茯苓、赤小豆、薏仁、莲藕、山药，用这些食材除湿。

古人认为湿气的肇因主要有四个方面：第一，环境致湿，比如说梅雨天气，特别是南方，暑就伴随着湿。第二，饮食致湿，因为夏天热，容易吃生冷寒凉的食物致湿。第三，药物致湿，比如糖尿病、高血压患者，长期服用的药物也容易致湿。第四，心情致湿。中医认为，如果长期生气，肝胆就会致湿；如果长期地忧思，肺、大肠就会致湿。所以，这时特别要注意心情的平静、安详。

古人认为疾病的三大病因，第一就是外感“六邪”。哪“六邪”呢？风、寒、暑、湿、燥、火。怎么治这六种邪气呢？特别是暑天的暑湿之邪。《黄帝内经》里讲“正气存内，邪不可干”。怎么样才能够让正气存内呢？心情一定要安详平和。古人讲，要想让正气存内，要让心情处在“正”上。《大学》讲“有所忿懥，则不得其正；有所恐惧，则不得其正；有所好乐，则不得其正；有所忧患，则不得其正”。所以，在暑夏的时候，特别要注意不能生气，不能过度地选择喜好的东西，不能有恐惧，不能有忧思、忧伤、担忧等。要适度地放慢生活的节奏，给心情一个平衡，也就是找到中和之气，因为“中”常常对应着“正”，古人讲“中正之气”，保持一个中正的心态，这是应对暑湿之邪最好的方法。

而在保持心情中正方面，古人给我们留下了许多宝贵的智慧。比如说白居易在《消暑》中就写道：“何以消烦暑，端居一院中。眼前无长物，窗下有清风。热散由心静，凉生为室空。此时身自得，难更与人同。”在这首诗里，白居易就讲到了心情和应对暑湿之间的关系。

同时，他用这首诗来象征人生，人生难免要经历春夏秋冬，要向古人学习应对四季的方法，那就是“春有百花秋有月，夏有凉风冬有雪。若无闲事挂心头，便是人间好时节”。

小暑在民间还有许多风俗，比如说斗蟋蟀、吃新面。在有些地方，这一天，女儿要回娘家看爸爸妈妈，用民谚的说法就是“收完麦打罢场，女儿回家去看娘”。

在古代社会，小暑往往连着六月六。在六月六，民间有晒书、晒被子的习惯，古人把它称为“天贶节”，这是用最恰当的温度，防止书籍霉变的一种方法。

大暑

宋·曾几

赤日几时过，清风无处寻。
经书聊枕籍，瓜李漫浮沉。
兰若静复静，茅茨深又深。
炎蒸乃如许，那更惜分阴。

巫山秋夜螢火飛踈簾
巧入坐人衣

大　暑

一候腐草为萤，

二候土润溽暑，

三候大雨时行。

大暑是夏天的最后一个节气，意味着炎热的夏天就要过去了。《月令七十二候集解》中讲："大暑，六月中。暑，热也，就热之中分为大小，月初为小，月中为大，今则热气犹大也。"

由此可以知道，大暑是天气最热的时候。为什么呢？因为这个时候，大地吸收的热量跟夏天延续的热量聚拢在一块儿，所以是最炎热的时候。

大暑有三候：一候腐草为萤，二候土润溽暑，三候大雨时行。什么意思呢？就是说一候的时候，萤火虫开始飞起来了。古人认为萤火虫是腐草所变，其实是大暑的时候，在腐草上的萤火虫卵孵化了，萤火虫开始飞行起来，预示着夏天的最后一个节气就要过去。第二候土润溽暑，这个“溽”是湿热的意思，就是这个季节湿气特别浓重，有一种蒸笼的感觉。三候大雨时行，这个时候往往是雷电交加，是大雨随时都会降临的时候。

由这三候可以看到夏天的一种高潮景象。对应在养生上，大暑最要注意的是防湿气。如何防湿气呢？药食同源，医家推荐的最重要的食材是薏仁，炒熟然后熬粥。其他祛湿的食材还有茯苓、莲子、藕、反复烘炒的花生粉、姜糖等。把生姜和红糖拌在一块儿，在太阳下炙晒，服用祛湿。

古人还用艾灸和贴伏贴的方法来祛湿。伏贴也就是“三伏贴”，这个时候好多人把它贴在特定的穴位来除湿。还有些人把生姜切成碎泥，睡前泡完脚，敷在涌泉穴，以此祛湿。古人还建议，在大暑前后一定要少食用油腻、生冷、油炸的食物，保持肠道清爽。

这个时候，因为湿气重，最容易患的疾病就是皮肤病，湿疹多发。怎样才能预防湿疹呢？古人一方面用药物来预防，比如多服用地肤子、茯苓、薄荷、荷叶粥等。还有一个方法就是勤换透气的衣物，免于湿气的侵袭。夏天特别要注意，一旦衣服已经汗湿了，就要赶快换掉，让皮肤处在一种干燥的状态。这时，小孩也容易起痱子。起痱子的原因，除了饮食上吃生冷的食物比较多，还有一个原因就是现代人穿棉质的衣服少了。

当然，大暑期间，更要预防中暑，用藿香正气水，用荷叶粥，用瓜类的食物来预防，丝瓜、黄瓜、西瓜都是解暑的瓜果。

脾胃虚弱的人还要注意不能过多地食用瓜果，还是要坚持食用祛湿的食物，比如说食用南瓜、薏仁、茯苓、莲子、藕来健脾祛湿。脾虚的人要少吃生冷，如果要吃水果，就要煮熟来吃；少吃难以消化的，特别是像糯米、粽子这类食物，尽量要少吃。因为脾为后天之本，主运化，吃再好的东西，如果脾弱，运行不到周身，就变不成精气神，后天要养的主要是脾。

这时，要特别注意预防“空调病”，室温保持在二十六摄氏度左右，空调不能对着人吹，特别是不能对着腹部、颈部。不要为了贪凉而着凉，早晚的时候，要多添衣服。

最关键的，要防止情绪中暑，这时，要让自己慢下来，把生活节奏慢下来，有意识地保持一种愉悦的心情，不要让情绪抑郁。要读一些能够让心情变得清凉的文章，《道德经》《黄帝内经》《周易》都可以让心情放松。

白居易有一首诗写得非常好："人人避暑走如狂，独有禅师不出房。可是禅房无热到，但能心静即身凉。"可见人的主观能动性对炎热是有干预作用的。白居易的达观精神在这一首诗里体现无余，如果心情能够保持宁静，就能够对抗炎热，让我们在炎热的大暑时节保持一份清凉。

对应到人生，就是说当情绪达到最热烈的时候，就要注意转入秋天的宁静，转入秋天的收获。在人生规划上就要把一种强烈的拼搏的状态、奋进的状态，转入整理人生、收获人生、梳理人生中来，为秋天的"收"做好准备。所以大暑是一个过渡性的节气，由夏天的热烈归于秋天的收获，由夏天的奔放归于秋天的宁静，由奋斗的热烈、奔放、绽放，归于秋天的收藏、喜悦、清凉。

立秋

宋·刘翰

乳鸦啼散玉屏空，一枕新凉一扇风。
睡起秋声无觅处，满阶梧叶月明中。

高樹早涼歸

立 秋

一候凉风至，
二候白露降，
三候寒蝉鸣。

立，是开始的意思；秋，是收获的意思。《月令七十二候集解》中讲：“秋，揫也，物于此而揫敛也。”这个“揫”，是紧紧地抓住的意思。说明这个节气是收获的季节。立秋有三候：一候凉风至，二候白露降，三候寒蝉鸣。

一候的时候风向由偏南风转向了偏北风，天气明显地凉爽了下来；二候的时候，因为昼夜温差大，凝结成露珠结于植物之上；三候的时候，寒蝉感受到了秋意，开始鸣叫。从这三候中可以看到，秋天要来了，天气明显地转为凉爽，万物将要进入到第三个自然段。

秋天的养生跟夏天明显不同。《黄帝内经》讲：“秋三月，此谓容平。天气以急，地气以明。早卧早起，与鸡俱兴。使志安宁，以缓秋刑。收敛神气，使秋气平。无外其志，使肺气清。此秋气之应，养收之道也。逆之则伤肺，冬为飧泄，奉藏者少。”将秋三月的特征与春三月、夏三月做一个对比，主旋律是“收”。《黄帝内经》特别强调，这个时候要使“志”安宁下来。通过“安”和“宁”，来对冲秋天的肃杀之气。

这个时候，要把我们的神志，把我们的精气神收回来。夏天是“若所爱在外”，就是把情志要放出去。而秋天呢，就要收回来，以使秋气达到平衡，使肺保持在一种清明、清和的状态。因为秋天对应的五行是金，对应的脏器是肺，所以，秋天在养生上特别要注意养肺。

怎么养肺呢？古人认为，肺对应的情志就是忧。所以，文人墨客在这个时候往往容易悲秋，写下了许多悲秋的诗。“多情自古伤离别，更那堪，冷落清秋节！”但也有像刘禹锡这样的诗人，在《秋词二首》其一写道：“自古逢秋悲寂寥，我言秋日胜春朝。晴空一鹤排云上，便引诗情到碧霄。”细细地品味这一首诗，就可以体味到诗人内心的那种达观。

春天的时候，《黄帝内经》让我们养生，“生而勿杀，予而勿夺”。而夏天的时候要“养长”，把情志放飞，来对应大自然的勃勃生机。秋天就像庄稼要归仓一样，在养生上对应的就是把精气神收敛起来，以备冬天储藏。

秋天的养生，重点就在滋阴、补肺、降燥，民谚讲，“秋吃酸，病不沾”，可见秋天要多吃酸味的食物。因为秋主收酸收敛，酸味食物能收敛肺气、润肺、养肝，因此，可多吃些山楂、石榴、葡萄、西红柿、猕猴桃等。西北人喜欢吃浆水面，这个时候就非常适宜。还有酸菜炒土豆丝，在立秋之后也是非常适合养生的。但凡酸味的食物，在秋天都适宜于进食。

古人认为，秋天是进补的时节，因为夏天要消暑，所以精气神耗费得比较严重，那怎么来进补呢？就要多吃一些有营养的、多含维生素的食物，要少吃油腻、生冷、油炸的食物。这个时候，古人建议用银耳汤、莲子百合汤、生地粥这些食物来降燥润肺；用茯苓、薏仁、莲子、百合来祛湿。因为夏天的湿气特别浓重，在立秋的时候往往在身体内积聚得就比较多。古人也用暑天晒的生姜来祛湿，葱、蒜、姜这些生发的食物就要少用了。因为立秋之后，精气神都要以“收”的状态来内敛，所以生发的食物就要少吃。

立秋作为“四立”之一，在古代社会是一个盛大的节日。在周代的时候，古人有许多盛大的仪式，天子往往要率领着文武大臣去迎接秋神。到了汉代的时候，立秋这一天，文武百官要开始穿皂领白衣的衣服，然后换上绛色的衣服，一直到立冬。在现代，许多地方在这一天有“晒秋”的习惯，就是把成熟的庄稼挂在房屋的四周，表达对农作物成熟的一种感恩。有些地方还有“咬秋”的习惯，就是立秋这天吃西瓜，其意用西瓜啃去余夏暑气，啃下“秋老虎”，迎接凉爽的秋季。所以立秋在“四立”里面是一个重要的节气，意味着要从春夏养阳，到秋冬养阴的开始。

对于人生来讲，春天就像是少年，夏天就像是青年，而秋天将要进入中年。我们奋斗了一生，在秋天就要收获了，就要体会奋斗之后的收获的美好。所以，对应到人生，秋天更要去奉献，把“春耕夏耘”变成“秋收冬藏”的一种沉甸甸的诗意、沉甸甸的诗情，让人生变得充盈，为冬藏做好“收”的准备。这就是一种秋天带来的达观，也就对应了“立”和“秋”的意义。立秋这个节气让我们倒回去，勉励青少年在春天播种，在夏天耕耘，然后才能够体会秋天收获的喜悦和美好。

处暑

宋·吕本中

平时遇处暑，庭户有馀凉。
乙纪走南国，炎天非故乡。
寥寥秋尚远，杳杳夜光长。
尚可留连否，年丰粳稻香。

何當擊凡鳥毛血灑平蕪

处　暑

一候鹰乃祭鸟，

二候天地始肃，

三候禾乃登。

处暑是二十四节气中的第十四个节气，也是秋天的第二个节气。《月令七十二候集解》中讲："处暑，七月中。处，止也，暑气至此而止矣。"就是说，从这个节气开始，炎热的、闷热的、酷热的暑气将要离我们而去。这个"处"字在甲骨文、金文的演变过程中，原始意义是指"止""息"的意思，后来演变成"居处""栖息"等意思，比如说"处变不惊""处所"等。

古人把"处"和"暑"组成一个词，来告诉我们盛夏带来的酷热就要离去了，折磨人的暑气就要告别了。处暑这个节气，在古代是人们用来欢庆的节日，也有许多地方举行盛大的祭秋仪式。

处暑有三候，一候鹰乃祭鸟。就是这个时候，鹰把鸟捕获之后，陈列在大地上，像是祭祀。鹰以鸟为食，但是对鸟的牺牲，饱含着一种敬意，这就是古人对动物的一种人格化表达。二候天地始肃。意味着肃杀之气就要到来，万物从此将要凋零。“肃”有严肃之意，也是凛冽的寒风就要到来之前的一种征象。三候禾乃登。这个“禾”是稷、黍、稻、粱这些谷物的总称。“登”是成熟的意思，比如说“五谷丰登”。三候说明这个时候的谷物即将成熟，仿佛能够看到稻、黍这些谷物沉甸甸的样子，一派丰收的景象。

这三候连贯起来看，总体告诉我们，大自然将要由春夏的暖和热，转向秋冬的凉和冷。这样的转变体现在养生上就是防秋燥。这个燥有两大类，一个是温燥，另一个是凉燥。夏天刚刚结束之后这一段时间的燥，就是温燥。靠近冬天的时候，这个燥就是凉燥。不管是温燥还是凉燥，都容易伤肺。因为肺这个脏器喜润，所以，现在有许多肺部有病的人，都选择在南方居住。

这个时候，古人用艾灸肺俞穴，按摩肺俞穴和三阴交穴等穴位护养肺脏，用扁豆、南瓜、小米、绿豆降燥保肺。小米具有养胃健脾、滋阴养颜的作用。南瓜性温，具有润肺补气、止咳止喘的作用，长期咳嗽难以痊愈的人，可以适当多食南瓜。绿豆味甘性寒，具有润喉止咳的作用。

五行中秋天属金，金旺的话就容易克木，而木对应肝。这个时候，古人就建议减辛多酸，多吃一点酸味的食物来保肝，如百合、藕、杨梅。要适当地补充水分，来降燥防燥。要保证充足的睡眠，因为夏天的时候，酷暑使人难以有深度的睡眠。在秋天，秋高气爽、阴阳平衡的时候，就要多睡觉，特别是中午睡半个小时，来恢复因为盛夏酷暑带给我们身体上的亏欠——对睡眠的缺失。

随着处暑的到来，人们往往容易感觉到困乏。这时，除了用饮食来补充体力，用睡眠来补充体力，还要注意在下午的 3 点到晚上 9 点期间适当地运动。按照中医的说法，下午 3 点到晚上 9 点是运动的最佳时期，可以选择散步等比较和缓的运动来调节秋乏。

古人说："立秋不算秋，处暑才是秋。"这个时候早晚温差很大，所以早晚就要加衣服了。我的老家西海固，这个时候有些地方晚上睡觉都要盖棉被了。

按照古人的说法，秋天不能过急地去添加衣服，所谓“春捂秋冻”。为什么呢？要让身体有一个过渡，培养耐寒能力，如果急于增添衣服，会降低身体免疫力。

处暑这个节气，对人生有许多启示：它告诉我们如何跟大自然相处，如何调节生命的节奏。我们可以从“处”这个字悟到许多人生智慧，那就是要做到处变不惊。虽然秋意已经到来，人们容易悲秋，但是应该用主观能动性来平衡心境，宁静心神，以秋为美，以秋作为人生新的体验、新的转折。

这时，要阅读一些积极向上的书籍，听一些让心情愉悦的音乐，参加一些能够放松心情的大自然活动，去感受万物成熟，享受天高云淡、秋高气爽，来愉悦心情。把悲伤之情转化为对大自然的欣赏、对生命的欣赏。悲秋容易伤肺，那么我们就要发挥主观能动性，有意识地去调节心情，把悲变为乐，把悲变为对收获的一种赞美、礼敬。

如果说人生也是四季的话，秋天就到了中年向老年的过渡期。这个时候也要做好一个心理准备，在收获的季节，以“收”的意向走进我们的人生，那就是收获、总结、反省，然后把下一代教育好，让生命变成新的生产力。

白露

唐·杜甫

白露团甘子，清晨散马蹄。
圃开连石树，船渡入江溪。
凭几看鱼乐，回鞭急鸟栖。
渐知秋实美，幽径恐多蹊。

一隻新雁下江湖两
岸荻花秋瑟瑟
玲

白　露

一候鸿雁来，

二候玄鸟归，

三候群鸟养羞。

白露是二十四节气中的第十五个节气，也是秋天的第三个节气。白露是一个富有诗意的节气，古往今来，诗人们给白露写下了许多诗篇，比如“露从今夜白，月是故乡明”，比如“金风玉露一相逢，便胜却人间无数”。最著名的就是《诗经》里的《蒹葭》：“蒹葭苍苍，白露为霜。所谓伊人，在水一方。溯洄从之，道阻且长。溯游从之，宛在水中央。”这样的一首诗，表达的是一种可望而不可即的爱情的状态、理想的状态、事业的状态、境界的状态。很多读本都把它解读为一首爱情诗。其实，不同的年龄段会读出不同的象征意义，我现在再读这首诗，感觉作者是在书写人生境遇。

生命到达秋天的时候，我的事业成功了没有呢？我的道业成功了没有呢？我的人格完成了没有呢？事业的理想、道业的理想、人格的理想，就像是那个“伊人”一样，在水中央、在水之湄、在水之涘，可望而不可即。既表达了一种人生的无奈，也表达了诗人永不放弃的精神，这是多少人在深秋时节的一种人生感叹。孔子云：“三十而立，四十而不惑，五十而知天命，六十而耳顺，七十而从心所欲，不逾矩。”不同的年龄段有着不同的人生况味和诗意的表达，所以白露是一个诗意的节气，是一个审美的节气，是一个文学的节气。

白露有三候。一候鸿雁来，因为鸿雁是北方的鸟，所以用了一个“来”字，意思是鸿雁飞回北方。二候玄鸟归，玄鸟就是燕子，是南方的候鸟。“玄鸟归”，就是这个时候燕子就要南归了，春分的时候是“玄鸟至”。一个季节的更迭，就通过候鸟描述得淋漓尽致。三候群鸟养羞，这个时候鸟儿就准备过冬的食物了。

从这三候可以看出，大地将要进入萧索，进入收藏。

《月令七十二候集解》中讲："白露，八月节。秋属金，金色白，阴气渐重，露凝而白也。"这一段话把白露的特征描述得淋漓尽致。秋天属金，金对应的颜色是白色。这个时候阴气渐重，阴气重的结果是"露凝而白也"，早晚温差很大。

在养生上重点还是要保肺，因为秋天对应的是肺，秋燥最容易伤肺，而肺喜润厌燥，所以在食材的选择上，就要选择能够润肺、养肺、滋阴的食材，比如百合、银耳、莲子等。

秋燥，肾气就弱，口干舌燥，四肢冰凉、乏力，怎么办呢？晚上就要泡脚。用适度的温水泡脚一刻钟左右，泡得身体微微有汗，用涌泉穴的特殊作用，降燥、补肾气。古人还用叩齿的方法来补肾气。古人认为"齿为骨之余"，所以建议每天早晨起来，可以叩牙齿二百到三百下，然后把口中的唾液缓缓咽下，也能补肾。在白露的时候一定要注意不能赤身露体了，所谓的"白露身不露，寒露脚不露"。寒从脚下起，"伤于湿者，下先受之"，就要求我们一定要把脚、腿、膝盖保护好，因此白露之后，空调基本上就要关掉了。

白露时节是哮喘、咳嗽的高发期，也是鼻炎的高发期。

按养生专家的建议，要少吃海产品，螃蟹、鱼这种海鲜，因为容易诱发鼻炎、哮喘等疾病。这时，饮食要清淡，可以多吃一些红薯、土豆这些应季的食品，来提高免疫力。

这时，古人喜欢喝一味茶，枸杞菊花枣子茶。枸杞有滋补肝肾、精益明目的功效，菊花具有清肝明目、平抑肝阳的功效，而枣子是长寿果，可以降低血压、补血、润燥。这三味一搭配就能够有效地降燥、润肺、保肝、健脾、益肾。

《本草纲目》讲："秋露繁时，以盘收取，煎如饴，令人延年不饥。"就是说，到白露时节，把露珠用盘子收下来，煎成像糖一样服用的话，就可以使人延年，使人益寿。从屈原的《离骚》里面，也可以看到许多描述："朝饮木兰之坠露兮，夕餐秋菊之落英。"因此白露这样一个很美好的节气，非常有诗意的节气，让古人留下了许多养生的想象，也让我们想到生命虽然短暂，但是只要珍重了当下，它就显得非常美好，也在一定意义上回答了中国人"短暂即永恒"的哲学话题。

白露给我们的人生启示就是人生短暂，要抓住当下，不要错过现场，不要错过当下，享受生活，享受工作，享受生活的细节，在朴素生活中、在当下生活中抓住永恒，体味永恒，体味生命的美好。让我们不负韶光，不负青春，不负生命，把每一个细节做好，把每一个缘分用到极致，让生命在回望的时候没有遗憾。

咏廿四气诗·秋分八月中

唐·元稹

琴弹南吕调，风色已高清。
云散飘飖影，雷收振怒声。
乾坤能静肃，寒暑喜均平。
忽见新来雁，人心敢不惊？

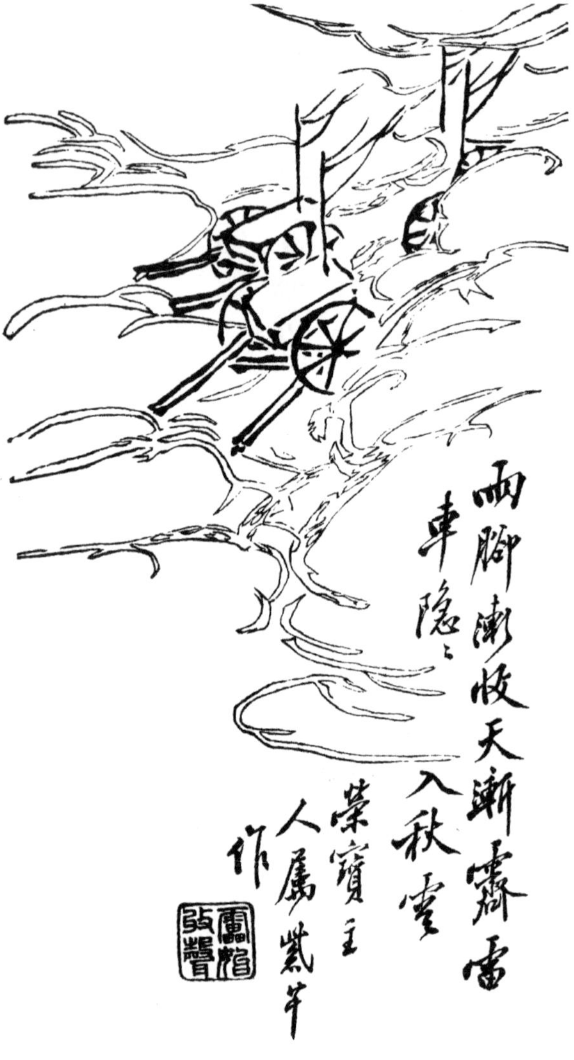
雨腳漸收天漸霽雷
車隱隱入秋雲
榮寶主
人屬紫芊
作

秋　分

一候雷始收声，
二候蛰虫坯户，
三候水始涸。

秋分是二十四节气中的第十六个节气。《春秋繁露》中讲："秋分者，阴阳相半也，故昼夜均而寒暑平。"这就意味着秋分这一天，白天和夜晚相等，也是秋天的分水岭。

《月令七十二候集解》中讲："秋分，八月中，解见春分。"秋分对应在《月令七十二候集解》的注解和春分是一样的，都意味着白天和黑夜等长，也意味着春秋在这一天平分。

秋分有三候：一候雷始收声，二候蛰虫坯户，三候水始涸。“雷始收声”就是说到秋分前后，雷声就渐渐消隐了。春分是“雷始发声”，秋分是“雷始收声”。第二候是“蛰虫坯户”，就是蛰居的虫子要把洞门渐渐地封上，以迎接寒冬的到来。第三候是“水始涸”，河流、湖泊，水位渐降，一些沼泽、水洼之地的水，这时候就干涸了。从秋分的三候里，我们可以强烈地体味到大自然将要进入潜藏，进入“收”的阶段。因此秋分在一定意义上，是大自然由阳盛向阴盛转化的一个分水岭。

关于秋分养生，专家建议，这个时候就要开始由春生、夏长到秋收了。在食材的选择上，就要选择酸味、甘味、保肺、健脾胃的食物，帮助我们去收阳气。这时，养生的重点是保肺，怎么保肺呢？专家建议用梨、柑橘、罗汉果等水果，把梨蒸熟拌蜂蜜食用，多食用百合、萝卜等白色的菜蔬，用莲子和粳米熬粥，用枸杞泡菊花茶饮用。民间还用鼻孔对着温水，吸入水蒸气来润肺。因为秋燥，特别是秋分之后，就由温燥到凉燥，还可以多做保健操如扩胸运动等来保肺。这个时候特别要注意头部、腹部、腰部和脚踝的保暖，因为秋分前后也是鼻炎、哮喘、咳嗽的高发期。特别是老年人，要注意保暖，用白萝卜熬粥来预防感冒，用葱白、姜片熬粥治疗感冒。

秋天对应的情绪是“悲”，这个时候心情的乐观、达观就很重要。关于秋分，古代的文人墨客写下了许多诗篇，我个人比较喜欢宋代杨万里的《秋凉晚步》：“秋气堪悲未必然，轻寒正是可人天。绿池落尽红蕖却，荷叶犹开最小钱。”这首诗传递出诗人的一种乐观主义精神，就是说虽然大家都悲秋，但诗人认为未必，为什么呢？“轻寒正是可人天”，经历了酷暑之后，“轻寒”给身心带来了一股凉意。这份凉意相比于酷暑，是惬意的，同时也传达出诗人的一种乐观精神。这时候荷叶都落尽了，荷花也落尽了，但是我们在荷池中还能看到小小的荷叶，上面开出的像小钱一样的荷花，意味着生命仍然在顽强地绽放。这种达观的精神，是一种心灵养生，一种心灵保健，一种心灵抚慰，让我们度过悲秋。

在古代社会，秋分时节，老百姓也好，官方也好，都要举行盛大的感恩仪式、祭秋仪式。后来，渐渐地就把它归并到中秋节里了。中秋节祭秋、祭月，是中华民族的传统。古人在用词的时候往往有象征性，秋分既是昼夜平均，又是秋天的中分点，同时也有一种人格象征、伦理学的象征在里面。就是这一天，我们要把美好的东西分享。秋分的时候，农田收获，老百姓就用祭月的方式来表达感恩之情，我在《农历》里写了祭月的仪式：

月亮就从幸福的黑眼仁里升起来了。

六月飞速跑到上房，把早已准备好的供桌抱到院里，又反身，一丈子跳回上房，爹已经在炉子上给他把水温好了。他几下子洗过手脸，转身飞到厨房。大姐已经把供品准备好了。六月怀着无比的神圣感把供品盘子端到院里。爹已经把香炉摆在供桌上了。

供献开始。供桌上有五谷、瓜果、蜂蜜、净水，有热气腾腾的月饼，有姐夫拿来的水烟，还有月光，西瓜瓤一样的月光。

…………

不一会儿，院子里就落满了五颜六色的神仙，堆满了他们带来的吉祥和如意、心想和事成、风调和雨顺、五谷和丰登、幸福和平安。

这是我在《农历》的“中秋”一章里写到的一个祭月神的片段。中秋的许多仪式，都是古人从秋分里归并而来的。小时候，家里很穷，母亲烙一个大饼，就算月饼了，更多时候供月用的是切成莲花形状的西瓜。我在散文《红色中秋》里专门有写：

> 当哥将“莲花”端出来，放在炕桌上，我们就静静地等待着月光一线一线往炕桌这边移，这时我发现鲜艳的西瓜水在悄悄地往盘里淌，我有点忍无可忍了。然而神秘的东西实在太强大了，在月亮未开口之前，我的心里没有丝毫邪念，我敢发誓我的心里一片忠贞一片美丽。我们静静地看着月亮沿着炕桌腿不紧不慢地接近西瓜，心里有种无比宁静的激情在奔涌。

我们可以看到，祭月是多么美好，它带给我们的一种期待，带给我们的一种美学感染，是多么强烈。

咏廿四气诗·寒露九月节

唐·元稹

寒露惊秋晚，朝看菊渐黄。
千家风扫叶，万里雁随阳。
化蛤悲群鸟，收田畏早霜。
因知松柏志，冬夏色苍苍。

衡陽歸
鴈幾封書
仿板橋道人畫本 子謙

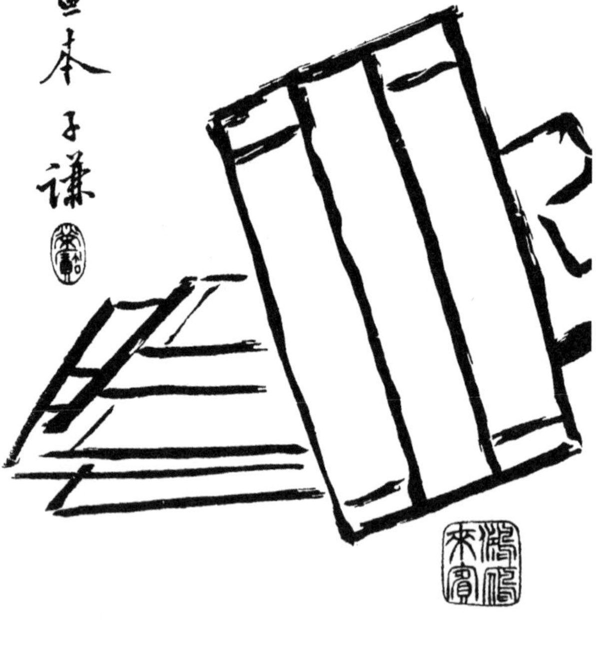

寒 露

一候鸿雁来宾，

二候雀入大水为蛤，

三候菊有黄华。

寒露是二十四节气中的第十七个节气，是秋天的第五个节气。《月令七十二候集解》中讲：“寒露九月节，露气寒冷，将凝结也。”

寒露有三候：一候鸿雁来宾，二候雀入大水为蛤，三候菊有黄华。这个时候最后一批大雁南飞了，因为北方已经变得寒冷了，古人看到鸟类渐渐地从北方消失，而海边又多了许多蛤蜊，因为贝壳的纹路和雀类非常相似，认为这是雀变为了蛤蜊，所以就说“雀入大水为蛤”。

而“菊有黄华”是什么意思呢？就是说这个时候菊花已经遍地开放。

从这三候可以看出，大地已经进入了一种接近冬季的景象，寒露跟白露相比，气候变得更加寒冷，所以谚语说“白露身不露，寒露脚不露”，可见这个时候北方大地已经变得非常萧条，冷空气占据了主导地位。

这个时候在养生上要特别注意滋阴润燥、益肺养胃，因为肺对应着五行里的金，对应着秋，那么在食材的选用上就要多食用一些应季的食材，比如柿子、石榴等，多吃芝麻、花生、核桃等来滋阴润燥。这个时候古人建议多饮菊花茶、菊花酒。

在疾病的预防上，就要特别注意防感冒、防秋燥，预防鼻干、咽干、口干、便秘等。怎么来预防呢？古人有许多建议，建议晚上泡脚提高免疫力；建议早晨喝一杯淡盐水，晚上喝一杯蜂蜜水来润燥；建议多睡一个小时。

为了预防感冒，为了减轻咳嗽、哮喘带给人的痛苦，古人有许多肢体养生的方法，比如揉搓大鱼际，把两手合上，在大鱼际部位揉搓三五分钟，因为大鱼际对应的是肺，也对脾胃有好处。出门的时候把大鱼际搓热，然后搓一下鼻梁两侧，揉一揉迎香穴，用这种方法来驱赶寒冷，预防感冒。

关于寒露，文人墨客留下了许多感人的诗篇，我个人最喜欢唐代元稹的《咏廿四气诗·寒露九月节》：“寒露惊秋晚，朝看菊渐黄。千家风扫叶，万里雁随阳。化蛤悲群鸟，收田畏早霜。因知松柏志，冬夏色苍苍。”由这首诗可以看出诗人的胸襟和境界，而我最欣赏、最喜欢的是最后一句“因知松柏志，冬夏色苍苍”，就是说当万物凋零的时候，当风扫残叶的时候，只有松柏仍然傲立在寒风中，甚至傲立在风雪当中，不管是酷暑还是寒冬，松柏不改其形、不改其志，这种精神象征着中华文化中的乐观主义精神、达观主义精神、傲骨精神。这种精神，对人是一种激励，是一种安慰，是一种非常积极向上的心理暗示，值得我们常常吟诵，也对我们化解悲秋的情绪有很好的作用。这首诗写得大气磅礴、雄浑悲壮，是“寒露诗”中的精品。

寒露之后就是霜降，霜降之后就要立冬了，可见寒露这个节气是由秋入冬的一个过渡性的重要节气。古人在寒露前后有许多风俗，比如赏菊，还有登高。许多登高的节俗和敬老的节俗，渐渐地就挪到重阳节里了，就是“九九”重阳节，中国人给“九”这个数字赋予了许多美好的象征意义，两个“九”古人用来敬老。所以重阳节就是敬老节，我在长篇小说《农历》里写过“重阳”一章，这个时候有些地方有一个习俗，就是从山顶往山底滚锅盔：

在漫山遍野的《孝经》中，黑暗散去，曦光微露。接着出场的是一个画了脸的人。六月问爹，他是谁？爹说，是重阳神。

只见重阳神手捧一个锅盖那么大的大饼，开口了：

…………

重阳神赏饼时，六月早已双手端着大锅盔，无数次地向自家院子瞄准了。

重阳神的那个“美”一落地，六月手里的锅盔就第一个起跑了。

接着有无数的锅盔跟着出发。

就有一山的锅盔在转，就有一山的重阳在转，就有一山的六六大顺在转，就有一山的十全十美在转。

十全有多全？就像天一样全。

十美有多美？就像地一样美。

…………

对面是一片茫茫雾海。

在人们的欢呼声中，太阳的头皮冒了出来。

几乎在同时，六月听到大家的喉结嘎地响了一下。

六月的目光在锅盔和太阳之间快速地闪回。六月发现，今天的太阳不是升起来的，而是滚上来的。

就像锅盔，十全十美一样旋转的锅盔。

在这里我把“锅盔”和“太阳”这两个意象做了一个连接，让人联想到我们吃的面饼事实上是太阳的恩赐，没有太阳庄稼就无法生长，没有庄稼就没有重阳节，所以才有从山顶往下滚的锅盔。

在“重阳”这一章里我写到了一村的孩子在山顶比赛朗诵《孝经》，祭重阳，过重阳。中华文化的根基就是孝道，从《孝经》的第一章、第二章，可以管中窥豹地看到，一个人如果有孝心，就会敬人，就会爱人，那么《孝经》表达的孝心跟寒露有什么联系呢？寒露这个节气已经从春到夏到秋末，对比人生来讲，对应的人生就是一个人将要进入冬季，就意味着要进入老年了。而老年在一个人的一生中，他的生存能力、生活能力都大为下降，这个时候就需要子孙后代进行照顾。

中华文化是一条河流，要求后代子孙对上游要负起责任来，所以这个时候古人用“重阳”来敬老养老。我曾经在多篇文章里写过，孝敬老人吧，为什么呢？因为养老本身是育儿。孝敬老人吧，为什么呢？因为老人的今天就是我们的明天。所以中华文化以重阳节——寒露前后的重阳节，来提醒子孙后代缅怀祖先、孝敬老人。重阳节用的意象就包括登高，用双倍的时间就是两个“九”的叠加，用“九九”来祝福老人健康长寿，用“九九”来祝福子孙后代绵延不绝，用“九九”来祝福一种文化的后继有人，中华文化的象征性就在这里体现了出来。

咏廿四气诗·霜降九月中

唐·元稹

风卷清云尽，空天万里霜。
野豺先祭月，仙菊遇重阳。
秋色悲疏木，鸿鸣忆故乡。
谁知一樽酒，能使百秋亡。

野獵正當
豺祭獸兮
魚服帶禽
歸
紫霞主人製

霜　降

一候豺乃祭兽，
二候草木黄落，
三候蛰虫咸俯。

霜降是秋天的最后一个节气，从这个名字就能够感受到季节的变换。《月令七十二候集解》中讲：“霜降，九月中，气肃而凝露结为霜矣。”

霜降有三候：一候豺乃祭兽，二候草木黄落，三候蛰虫咸俯。什么意思呢？就是说一候的时候，豺狼把它捕捉到的兽，就像祭祀一样陈列在一起。二候是草木黄落，这时候草枯叶落，大地一派萧索的景象。三候是蛰虫咸俯，蛰虫都进入冬眠了。

霜降这个节气，是冬天到来的一个前奏，这个时候的气候特点就是燥，人们容易感觉到疲乏，呼吸道疾病比较多，古人主张我们在这个时候用食材来养生。

古人推荐多食芝麻、核桃、枣子、苹果、梨、萝卜、山药、栗子。这个时候我国西北地区盛产大白菜了，大白菜也是非常好的食材，因为它具有宣肺清热、通便解毒的作用。中医讲："冬吃萝卜夏吃姜，不用大夫开药方。"萝卜具有消食、清热解毒、下气宽中、健胃开脾、清热、清肺的作用，生吃对于助消化、通便有益，和冰糖一起熬制可以治咳嗽，也可以应对秋燥。古人把山药称为"食材之王"，对于调节脾胃虚弱、呼吸道疾病等方面都有帮助。玉米所含的各种营养，是小麦这些主食的五到六倍。

古人还建议保暖身体的一些特殊部位，比如肩部、颈部、腹部、脚踝、膝盖，这五处特别关键。大椎穴这个地方最容易着风寒，是阳气的一个重要的关节点，也是督脉的一个重要的节点，所以在霜降前后保暖好颈部就很重要。养生专家建议在这个时候，出门一定要戴围巾。

接下来就是双肩，双肩非常容易受寒，养生专家建议晚上睡觉的时候，即便是天气比较热，也要把肩部保护好。还有腹部，如果腹部受寒可能会引起腹泻，甚至肠炎、急性肠炎等。对女同志来讲，如果小腹受寒也会引发一些妇科疾病。接下来就是膝盖，现在有些年轻人穿露膝的裤子，这容易在老年的时候得“老寒腿”。

最后一个需要注意保暖的就是脚踝以下。专家建议霜降前后，每天晚上泡脚二十分钟左右，因为脚部有着五脏六腑所有的反射区，人们把它称为“第二心脏”，泡脚可以促进血液循环，生发阳气，帮助提高睡眠的质量，但秋冬泡脚不能出大汗，微微出汗即可。

霜降的许多习俗，在西北地区就挪到了农历十月初一。在这一天呢，老百姓有一个习俗，就是要吃麻腐馍馍，就是人们把麻籽在碾子上碾了，把油榨取之后剩下的渣子，跟萝卜丝烙成馅饼。“麻腐”这个食材，具有降燥、通便、滑润的作用；萝卜这个食材，具有清热解毒、下气宽中、化痰止咳的作用。跟麻油、麻腐一拌，烙成的馅饼，正好是霜降前后保健的一个很好的食材。

我在《农历》里描写了这么几个片段：

六月听见，天地君亲师一边品味，一边议论着娘的好手艺，一边商量着该如何奖赏娘才对。另外还要捎带着奖赏一下六月，因为六月同志今天成功地战胜了自己好几次，包括拒绝了娘让他先吃铲坏的那块馅饼。

等众神吃完，用袖子抹嘴的时候，爹让他们动手。

但哪里动得了手，麻腐馍馍油得人手不敢往上面放。娘早就料到这一点，在每人面前放了一个小碟儿，爹就用筷子给大家往碟里夹。

一吃，六月才知道，说是麻腐馅，其实大多是萝卜丝儿，但这已经很香了。

十月一的味道，原来是麻腐馍馍的味道。

一家人静悄悄地吃着，没有谁说话。

六月更是千品万尝，因为他知道这麻腐馍馍一年只能在十月一吃一次，如果因为说话或者想事情错过这香味，就太可惜了，就是罪了。爹常给他们说，错过是罪错过是罪，真是太对了。

霜降对应在伦常上，是古人让后代提高感受力的重要节气。天气凉了，大自然进入萧索状态。作为子女就应该想到提醒老人要添衣服了，就是《弟子规》里讲的“冬则温，夏则清”。这个时候就需要向祖先表达一份祝福，也要为健在的老人添加衣服，注意保暖。霜降的时候，在西北地区有一个重要的仪式，那就是给逝去的祖先“送寒衣”。

二十四节气的每一个节气，古人既用以进入天人合一，用以获得吉祥如意，也用以养生，更用以教育子孙后代，培养好家风，培养好人品，培养好人格，培养他们的感受力，知冷知热，这样能使孩子的心灵丰富、富足、壮大。这是古人的良苦用心。

立冬

明·王稚登

秋风吹尽旧庭柯，黄叶丹枫客里过。
一点禅灯半轮月，今宵寒较昨宵多。

嶺上梅花開數點
摘來同伴玉壺清
錫玲

立　冬

一候水始冰，
二候地始冻，
三候雉入大水为蜃。

《月令七十二候集解》讲：“冬，终也，万物收藏也。”也就是说，随着立冬的到来，万物将由春生、夏长、秋收进入冬藏阶段。在古代社会，立冬不仅仅是一个重要的节气，还是一个重大的节日。

《吕氏春秋·孟冬》中记载：“是月也，以立冬。先立冬三日，太史谒之天子曰：‘某日立冬，盛德在水。’天子乃斋。立冬之日，天子亲率三公九卿大夫，以迎冬于北郊。还，乃赏死事，恤孤寡。”由此可见，古人要在这天举行盛大的迎冬仪式，赏恤人民。从此，进入闭藏、收官祝福的季节。《礼记》记载，冬天要吃瓜，要祭祖。

立冬有三候：一候水始冰，二候地始冻，三候雉入大水为蜃。第一候，水开始要结冰了；第二候，大地就要进入冻结的状态；第三候，野鸡变成了海边的蛤蜊，这是古人通感式地认识。从这三候可以感受到冬季到来了。

对应到养生，《黄帝内经》讲："冬三月，此谓闭藏。水冰地坼，无扰乎阳。早卧晚起，必待日光，使志若伏若匿，若有私意，若已有得，去寒就温，无泄皮肤，使气亟夺。此冬气之应，养藏之道也。逆之则伤肾，春为痿厥，奉生者少。"可以看出，冬季的三个月，特别要注意不要扰动阳气，把生命引导到一种收敛、闭藏的阶段。

冬季的时候，许多灵性的动物都要冬眠，整个大自然进入一种收敛、闭藏的状态。这个时候就跟前面的三个季节不一样了，要早睡晚起，目的就是保护阳气、养护精气，对应在情志上，要使自己的情志"若伏若匿"，就像藏起来一样。"若有私意，若已有得"，是讲人到这个时候要知足，就像收获满满的样子。在养生上还要注意"去寒就温"，就是离开寒冷、寒气，给生命以温度。这个温度既指气候、气温，又指一种心灵的状态。在这里，古人特别强调，要养好肾气。因为冬季对应着肾，所以养肾就是关键。养肾可以分几个层面来讲，最重要的就是养肾气。古人给我们许多建议，比如搓耳轮，用搓热的手去搓耳的轮廓，搓后腰命门穴，泡完脚之后，用手的鱼际搓涌泉穴。这些部位，对应的都是肾，“肾为先天之本”。

在情志上就要特别注意，不能惊恐。但凡容易惊恐的人，都肾气弱、肾阳虚。所以，这时，心态要保持在满足、知足，温和、闭藏的状态，不能生气，不能发火，不能引动阳气，保持一种安静的状态。

古人还认为，最高级的养肾是立志，当立下大的志向之后，肾气就足了。肾气足了，潜能就得到开发，灵感就会泉涌，处理事情就会周到、周密，就会敏捷、敏锐。志养好了，精就足了，气就足了，神就足了。

在饮食养生上，立冬之后，古人建议多吃一些黑色的食物，比如说黑芝麻、黑豆，因为黑豆中几乎含有人体所需的所有营养。冬天是闭藏的季节，还要多吃根茎类食物，比如说土豆、红薯、萝卜、山药，藏在地下的这些食物，都特别适合冬季养生。

在物理养生上，要注意保暖，特别要注意头部、颈部、腹部、腰部、脚部这些部位的保暖。冬季锻炼身体要注意，微微出汗就行，防止大汗淋漓。因为大汗淋漓会使我们皮肤的毛孔打开，如果这个时候把皮肤毛孔打开，肾气就虚了。宜选择太极拳、八段锦这些柔和的运动项目。

古人认为，冬季养生要特别遵循守藏和闭藏的原则。如果不遵循这些原则，就会伤肾，肾伤了，就容易“春为痿厥”。春天的时候，人们容易得一种像中风、四肢无力的病。“痿厥”，“痿”指无力感，“春为痿厥”，就是没有什么来奉养给春天所需要的生气、生机。从《黄帝内经》的这段话里我们看到，养生有生理养生、物理养生、情志养生、精神养生。

在阅读上，也要注意读一些能让我们获得安全感的读物，千万不能看令人恐惧的读物。因为一惊恐，肾气就容易受到伤害，肾气一伤，五脏六腑的根本就动了，而肾为先天之本，脾为后天之本。在生活的点点滴滴中，就要去选择能让我们身心闭藏的事情去做。

最为关键的就是情志、精神要保持在一种守的状态、闭的状态、藏的状态，向大自然学习，向灵性的动物学习，来守好精气神，待来年的春日，来生发。所以立冬的时候，从辩证法来讲，这也是阳气准备萌生的时候，而要让春天的阳气非常“在状态”地萌生，冬天就一定要做好闭藏的工作。

小雪

宋·陆游

檐飞数片雪，瓶插一枝梅。

童子敲清磬，先生入定回。

米家
書畫船
奇采
放出滄江
白玉盤

小 雪

一候虹藏不见；

二候天气上升，地气下降；

三候闭塞而成冬。

小雪是二十四节气中的第二十个节气，也是冬季的第二个节气。《月令七十二候集解》讲：“小雪，十月中，雨下而为寒气所薄，故凝而为雪，小者未盛之辞。”就是说小雪节气到来之后，大气中的水蒸气，遇到了寒冷的空气就凝固为雪，这个“小”指的是没有到达最盛大的样子，就是“未盛之辞”。

从小雪开始，特别是北方将会渐渐地进入雪季，将持续三个月。《黄帝内经》讲，“冬三月，此谓闭藏”，整个大地都进入“闭藏”阶段。

小雪有三候：一候虹藏不见。这个时候因为雨转为雪，所以彩虹就再也看不到了。二候天腾地降。古人认为天为阳，地为阴，这个时候阳气上升，阴气下降，阴阳不交，整个天地进入一种阴盛阳衰的阶段。三候闭塞为冬。这个时候大地进入封塞的状态，进入冬季。

“冬”这个字在甲骨文里其实并不指冬天，原始意象为把两头扎起来，是“终结”的意思，后来引申为四季中的冬季。从这个字的象征义也可以看出四季将要进入闭藏，既然是一个闭藏，那么在养生上就不能扰动阳气，要以保持阳气为主，而冬季对应的是肾，所以养肾、养藏就成为关键。

这时，最好的养生就是晒太阳，晒太阳按照传统医学讲，可以增长我们的阳气，温通经络。晒太阳要怎么晒呢？要背对太阳晒后背，能够补肾助阳，特别要注意大椎（脖颈）这个地方的防风保暖，晒太阳的时候要戴一个围巾，把大椎一定要围好，把腰一定要围好。那么第二个方法就是搓后背来增加阳气，搓命门穴、搓肾俞穴，把手搓热用劳宫穴对着命门来增加阳气。还有泡脚、按摩足三里穴等方法。

在饮食上，小雪之后因为天气的原因，容易抑郁，就要选用能够解郁的食材，比如藕、木耳、红薯、土豆、白菜、萝卜。在立冬的时候要多吃根茎类的食物、含有叶酸的食物，特别是绿色的食物。多喝红糖水，红糖被称为“东方巧克力”，具有化瘀、散寒、温中的作用。这时，每天喝一杯红糖水能给身体助阳保暖。古人认为喝红糖水最好用蒸而不用泡。

这时，还可用小米百合粥来除燥、解毒。因为北方冬季普遍干燥，加上少开窗户，人体内容易有内火，这个时候用小米百合粥就非常应季。要多喝白菜豆腐汤，大白菜里含有许多膳食纤维，能够清理肠中的垃圾，解毒、通便、润燥，而豆腐是优质蛋白质，能够御寒、解毒，提高免疫力。

这个时候养生专家还建议“生吃萝卜熟吃梨”。萝卜具有化痰止咳、清热解毒的作用，但是脾胃虚弱的人就不能生吃。而梨能够滋阴润燥，对化痰止咳有很好的作用。把梨去核放在碗里面隔水蒸熟，既避免了梨的寒性，又能够滋阴、养肺，起到很好的润燥作用。

这时，要特别注意少吃麻和辣，因为冬季天气燥，容易起内火。古人还建议这时吃一些黑色的食物，比如说黑豆、黑芝麻，来养阴、益肾。把半夏、干姜、茯苓、白术做成药丸贴在肚脐眼来除燥、除痰。这些方法都适合在小雪之后的季节来使用。

冬三月，食材养生重要，更重要的是“情志养生”。《黄帝内经》讲，“使志若伏若匿，若有私意，若已有得”。什么意思呢？好像藏了一个东西、宝贝，不给人讲的样子，把“志”藏起来。“若已有得”，就是已经得到了，我很知足了、很满足了。所以，这个时候的情志就要保持在《大学》里讲的“定、静、安”的状态。

关于小雪的节气，文人墨客们写下了像雪花那么多的诗篇。在诸多的关于小雪的诗文中，我最喜欢白居易和陆游的两首诗。白居易在《问刘十九》这首诗里写道：“绿蚁新醅酒，红泥小火炉。晚来天欲雪，能饮一杯无？”

我更喜欢的是陆游的一首诗：“檐飞数片雪，瓶插一枝梅。童子敲清磬，先生入定回。”很简单的诗句，但意境特别幽深。从陆游的诗里可以看到在这一个片刻，老先生已经忘我了，已经完全天人合一了，已经达到了一种恬淡虚无的境界。那么“恬淡虚无，真气从之”，真气一来，生命就进入最好的健康状态。

在小雪之后，就要注意饮食养生、阳光养生、物理养生，更重要的要进入“情志养生”，要阅读那种能让我们进入“定、静、安”的读物，而不能读那些刺激性的、兴奋性的读物，特别是不能读恐怖的读物。

大雪

宋·陆游

海天黯黯万重云，欲到前村路不分。
烈风吹雪深一丈，大布缝衫重七斤。

得過且過

龔道人戲筆

大　雪

一候鹖旦不鸣，
二候虎始交，
三候荔挺出。

《月令七十二候集解》中讲：“大雪，十一月节。大者，盛也。至此而雪盛矣。”就是说，到了农历十一月，将会迎来大雪纷飞的季节。

大雪有三候：一候鹖旦不鸣，二候虎始交，三候荔挺出。鹖旦，据说是一种叫“寒号”的鸟，它是一种夜鸣求旦的鸟。这个时候，它已经感觉到了极盛的“阴气”，所以不再鸣叫。二候的时候，因为“阴极而阳生”，百兽之王的老虎，已经感觉到了一丝阳气萌生，有了求偶的冲动。三候荔挺出。据《说文解字》记载，荔挺是一种像蒲一样的草，它的根可以做刷子。这个“荔挺出”，意味着大地已经有一丝的阳气，可以让这种小草萌生了。

从这三候就可以看出，大雪是一个阴阳交替的节气。对《周易》有研究的读者，就会知道在“十二消息卦”里，大雪对应的是“复卦”。“复卦”的卦象，上面五个阴爻，下面一个阳爻，意味着有一丝的阳气，已经萌动了，大自然用其生命景象表演了“复卦”。

复卦给我们什么启示呢？就是当“阴”到极致的时候，恰恰说明“阳”生了。对应在人生、事业上，当遇到了低谷的时候，要坚定信念，等待机遇的到来。而在日常生活，其实也是这样，比如说，饿了我们要吃饭，过一段时间又饿了，这也是一个循环，大自然也是这样。

复卦对应两个节气，一个是大雪，一个是冬至。冬至时“一阳生”，而大雪呢，是“冬至一阳生”的前奏。到了仲冬时节，我们更要遵从《黄帝内经》的教诫，不能像春夏那样过度地洗澡，“无泄皮肤”，不要让皮肤、毛孔过度地打开，要洗澡也要在早晨洗，不要在晚上洗，也不要大汗淋漓，“无扰乎阳”。

在饮食养生上，专家推荐“二薯”，红薯和马铃薯。

《本草纲目》记载，红薯具有补虚乏、益气力、健脾胃、强肾阴的作用。现代医学也证明，红薯富含蛋白质、氨基酸、各种维生素，特别是含有大量的膳食纤维，能够刺激肠胃蠕动，刺激消化液的分泌，可以减少、降低肠胃疾病的发作。红薯还可以阻止铁的流失，所以红薯是宝。在北方，有好多地方习惯喝红薯粥，烤红薯、蒸红薯也是家常便饭。还有一个“薯”就是马铃薯。据现代医学研究，马铃薯几乎富含了人体所需的所有维生素，而且具有润肠、通便、解毒等功效。现代医学还证明，红薯和马铃薯都具有防癌的作用。

《黄帝内经》告诉我们，“气有余，则制己所胜而侮所不胜”。按照这个原则，冬天就要适当地减少咸味食物的食用，因为过多地食咸味的东西，会“助肾气之旺”，克心脏。所以中医建议，冬天可以用一些枸杞来助力心脏。按照《本草纲目》的记载，枸杞“甘平而润，性滋而补”，能够补肾、润肺、生津、益气，可以在大雪期间多用一些枸杞，来让心和肾达到平衡。枸杞的用法，专家建议每天早上起来，空腹咀嚼十粒左右，营养最容易吸收，而且不会上火。

冬天要进补，要多吃高蛋白的食物，如核桃、栗子、芝麻、莲藕等。莲藕生食性凉，熟食性温，这个时候就可以多选用这些食材来进补，但进补也不能过量。中医讲“进补”的“补”不仅是多吃，还有一个意思，那就是补充不足的部分、缺的部分、不全的部分。

关于大雪，有许许多多物理养生的方法，这个时候人们运动少，体内容易聚集毒素，古人建议用按揉“三窝”的方法排毒：一是肘窝，一是腋窝，一是腘窝。这“三窝”的按揉，可以让积聚在体内的毒素得到有效的排解。古人还建议用泡脚、按摩涌泉穴等方法来达到补肾、益气、助阳的功效。

这个时候，在情志养生上最要注意“使志若伏若匿”，就是要把心情调整到一种安静、平和的状态。

大雪纷飞，给文人墨客提供了许多灵感。在描写大雪节气的众多诗篇中，我最喜欢柳宗元的《江雪》：“千山鸟飞绝，万径人踪灭。孤舟蓑笠翁，独钓寒江雪。”这首诗的背景是柳宗元参加“永贞革新”被贬到永州，在这个时候，他事实上过着一种被软禁、被管制的生活，长达十年。但是作者就是在这样的逆境中，仍然保持着一种达观的心态。他的这种孤傲，他的这种达观，在这一首诗中表现得淋漓尽致。从这一首白描的诗中可以看出来，作者心中有一个世外桃源，他的情怀，就像这大雪中的那个独钓的渔翁一样，那么坦然、淡定、超凡脱俗。

这首诗一经发表，就成为传诵的名篇，给多少人送去了生命低谷时的安慰，对应在大雪这个节气也再恰当不过。而“独钓寒江雪”这样一个意象，正好在人生的况味和境界上，对应了这样一种意境——一个人在等待机遇，在逆境中等待机遇，在等待“一阳复始，万象更新”。

咏廿四气诗·冬至十一月中

唐·元稹

二气俱生处，周家正立年。
岁星瞻北极，舜日照南天。
拜庆朝金殿，欢娱列绮筵。
万邦歌有道，谁敢动征边。

博山香篆蟠青虯
玲

冬 至

一候蚯蚓结，
二候麋角解，
三候水泉动。

冬至可以说是二十四节气中最重要的一个节气，也是一个盛大的节日。在周代的时候，冬至是我们今天讲的“大年”，是“元旦”，是“岁首”。这个“元旦”指的是原始意义上那个元旦，就是古人讲的那个元旦。到了汉武帝推行了夏历之后，才确立了我们今天过的春节。所以，在汉代之前“冬至大如年”，冬至事实上就是“年”。所以，这个节气在二十四节气中是最重要的。

这个“冬”我们前面讲过，它的意思就是把两头扎起来，表示“终”的意思；“至”，它的原始会意，上面是一个“矢”，就是箭头，下面是一个地平线，代表着把箭射出去到达目的地，后来就引申为极致的“极”，所以冬至也就是“终藏之气至此而极也”。

冬至有三候：一候蚯蚓结。因为古人认为蚯蚓是“阴曲阳伸”的生物，这个时候虽然“一阳生”，但是蚯蚓仍然感觉到阴气，所以，还在土中蜷缩着身体。二候麋角解。古人认为鹿属阳，麋属阴，因为麋的角朝后长着。这个时候，麋因为感受到了阳气，麋角就脱落了。三候水泉动。这个时候泉水已经开始流动了。

从这三候可以看出，冬至是一个阴阳交接的节气。古人认为，这个时候要做好“闭藏”的工作，所有的工程都要停下，劳作都要停顿，人们应该“安身静体”，呵护那一份微弱的阳气。“百官绝事”，百官都要休业，整个天地都处在一种休眠的状态，除了时光在移动，一切都停顿了。所以，这个时候，千万不能做扰动阳气的事情，古人认为这时候“以室为德”，一个人静静地待在屋子里就是美德。为什么呢？待在屋子里不扰动他人，也不扰动自己的身心。

从冬至开始，就开始“数九”了：“一九二九不出手，三九四九冰上走，五九六九沿河看柳，七九河开，八九雁来，九九加一九，耕牛遍地走。”在农耕社会，人们春种、夏管、秋收，非常忙碌，只有到了冬季，才是一段在休闲中享受生命的时光。

在黄河中下游一带，人们这时候围炉而坐，开始做什么工作呢？来“数九”。把一首诗写在一张纸上，一天描一笔，等一首诗描完，这“九九”就出来了。我在《农历》的冬至一章里描写过一家人“数九”的情景。冬至在汉唐时期是重要的祭祀节日，到了明清两代要举行盛大的祭天仪式，后来就变成了民间的祭祖的节日，在做完一切祭礼之后，一家人就坐在暖洋洋的炕上，做“数九”这样很有诗意的事情，我选取一段：

一家人就坐在炕上，一边看爹制《九九消寒图》，一边等待蓝边碗里的供水在地桌上慢慢融化。

爹伏在炕桌上，手里是一支非常纤细的毛笔，用双勾描红法画字。五月和六月知道爹要画什么字。爹画好前一个，二人就背后一个，就像他们的“背”是那字的笼头似的，一个个字的黄牛就被他们牵出来。最后落在纸上的就是“庭前垂柳珍重待春风”

九个正体字。爹说，这九个字（繁体）每字九画，共八十一画，从冬至开始，每天按照笔画顺序填充一个笔画，每过一九就填充好一个字，直到九九之后春回大地，一幅《九九消寒图》才算大功告成。填充每天的笔画所用的颜色根据当天的天气决定，晴则为红，阴则为蓝，雨则为绿，风则为黄，落雪则为白。

还记得爹教给你们的《填色歌》吗？

五月抢先背出上句：

上阴下晴雪当中，左风右雨要分清。

六月跟了下句：

九九八十一全点尽，春回大地草青青。

爹制完字版《九九消寒图》，又开始制画版。只见他在老宣上绘制了九枝寒梅，五月和六月也知道，九枝寒梅代表九个九，然后每枝上面还有九朵梅花，代表九九八十一天。这些寒梅，和上九个字一样，同样只勾了边，里面是空心的，供他们在今后的九九八十一天填色。

制完版图，爹又开始制联版。一边绘，一边给五月六月说，你们背背看。五月就抢先背：

春泉垂春柳春染春美。

六月也没落下：

秋院挂秋柿秋送秋香。

爹说，先人们常常用这个对联推测一年的雨水多寡和粮食丰歉。

六月问，咋推测？

爹说，我记不大清了，但你爷爷会。

六月就觉得太遗憾了，爹当时应该把它记在本子上才对。我可一定要记牢，到时传给我儿子，再让我儿子传给我孙子，再让我孙子传给我重孙，子子孙孙，孙孙子子……我可不愿意让他们遗憾。

六月正遗憾着，五月又背了：

试数窗间九九图，余寒消尽暖回初。

梅花点遍无余白，看到今朝是杏株。

爹说，这诗说的是妇女晓妆染梅。过去大户人家，冬至后，妇女会贴梅花一枝于窗间，早上梳妆打扮时，用胭脂点一朵梅，八十一朵点完，就变作杏花，说明春回大地了。试看图中梅黑黑，自然门外草青青。

这是我在《农历》里描写的“制梅”的图景，一派诗情画意，写这一段的时候我非常享受。中国人，特别是黄河中下游一带的人们在冬至的前后开始享受生命，享受慢时光，用这种“数九”的方式度过一段非常有诗意的休闲时光。这个时候是“天地同运”的时候，天地间阴阳在交接，作为人呢，也应该响应这种交接，用“安身静体”来回应这种交接。人们在填《九九消寒图》的时候，是回到“现场”，进入时间，回应天地交接的大喜、大吉、大善的日子。

这段时间的养生呢，就要特别注重心肾平衡。因为阴气到了极致，“一阳”开始生发，所以肾水旺。肾水旺往往会影响心火，所以古人建议要把心情调节在欢喜上，既“欢天”又“喜地”，这是最好的“天人合一”的养生。

中医认为“心主百官”，心平了才能够气和，所以这个时候心情好，就能把养生做好。中医认为“心开则脉解”，就是说，当我们的心开了，脉就解了，我们的气脉通畅之后，身体就处在健康的状态。所以，冬至前后的养生，重点是“心平气和”，重点是“心开脉解”，重点是保持一种安静的、宁静的心态。

小寒

元・张昱

花外东风作小寒，轻红淡白满阑干。

春光不与人怜惜，留得清明伴牡丹。

殘星幾點
雁橫塞
長笛一聲
人倚樓

小　寒

一候雁北乡，
二候鹊始巢，
三候雉始雊。

小寒是二十四节气中的第二十三个节气。《月令七十二候集解》中讲：“小寒，十二月节，月初寒尚小，故云，月半则大矣。”可见小寒这个节气跟小暑大暑是对应的。

小寒有三候：一候雁北乡，二候鹊始巢，三候雉始雊。“雁北乡”就是说，这个时候大雁已经感受到气温回升，准备迁徙回故乡了。“鹊”是喜鹊，喜鹊这时候因为感受到了阳气，开始筑巢孕育后代。“雉”是野鸡，开始鸣叫求偶。从这三候明显地能够感受到大自然中的鸟类，作为天地之间最灵敏的生物，感受到阳气已经萌动，气温将要回升，发出了种种带有季节旋律和节奏性的信号。

对于小寒期间的养生，专家有许多建议，比如说多晒太阳、泡脚、吃高蛋白的食物等。这个时候古人特别建议要吃腊八粥。《燕京岁时记》里讲道，腊八粥就是用黄米、白米、江米、小米、菱角米、栗子、红豇豆加水煮熟，外用染红的桃仁、杏仁、瓜子、花生、红糖、白糖、红豇豆、榛穰和梭梭葡萄干作为点染，以上这些食物的性质都属温，具有补中益气、健脾胃、生津止渴、驱寒健脾的作用。中国古人认为粥是“养元”的第一食品，长期食用可以延年益寿。李时珍在《本草纲目》里讲，把粥命名为饮食的第一妙诀，养生最好的方法是食粥。所以在整个腊月，北方的老百姓都特别喜欢食用腊八粥。

我在长篇小说《农历》里也有“腊八”一章，文中的主人公五月和六月在腊八的前一天，在洗完“腊七澡”之后，开始熬腊八粥。五月和六月小的时候，一年四季也难得洗一回澡，在“腊七”这一天，他们要彻彻底底、干干净净地洗一次澡。我在这里引用一段，大家感受一下五月和六月他们熬腊八粥，做准备工作的那一种真诚、恭敬、虔诚：

灶前是一个小炕桌，炕桌上是一簸箕豌豆，娘让他和爹拣豌豆。六月说，拣豌豆是女人的事啊。娘说，熬腊八粥的豌豆要沐浴完才能拣呢，反正你爷儿俩现在闲着，还不如做点功德。

六月和爹就坐在小凳子上拣。

爹告诉他，熬腊八粥的豌豆要挑最圆的最饱的最好看的，破的秕的形象不好看的，都不能要。说着，给他做拣的示范，先是一排一排，后是一个一个。

六月没有想到，腊八粥还有这么多路数。也就随了爹去拣。拣着拣着，心就哗地一下开了，六月发现，这猛一看差不多的豆子，其实是千姿百态的，六月觉得自己一下子进入了另一个世界。

这是我描写“爹”和六月在腊八这一天挑拣豆子的情景。你看他们，破的不能用，秕的不能用，形象不好的不能用，可见从前在教育孩子的时候，用这些传统节日的仪式，培养这些孩子的恭敬心、真诚心，让他们在这些细节中感受天地精神，感受来自大自然的五谷的一种祝福。

“腊”，在古代汉语的解释中有一个重要的意思，就是“接”的意思，也就是新旧交接。还有一个意思，那就是合祭百神。腊月，古人认为是一年到头，要感恩天地、感恩祖先、感恩五谷的馈赠、养育。用腊八这个吉祥的日子，象征性地带领人们进入感恩的环节。

到了小寒，一般情况下是“三九”前后，这个时候是气温最低的时候。有人问冬至不应该是最冷的时候、气温最低的时候吗，为什么是小寒呢？因为冬至这一天之后虽说太阳已经北移，但是大地释放的热量还不足以平衡气温，就像夏至的时候不是最热，冬至的时候不是最冷。

小寒对于中国人来讲，是一个非常重要的节气，为什么呢？这时，人们开始准备年货，要进入过大年的节奏了。所以小寒这个节气，是人们进入四季循环尾章的时候，就是到了收尾的时候了。因为到了大寒的时候，一个季节的循环就完成了，所以小寒就显得尤为重要。古代的大年，是从腊八开始的，所以腊八粥这个时候既是一种食品，又是一个季节循环的象征。

各地有各地的腊八粥，但人们的心情是一样的，都是对岁月的一种感恩，对天地的一种感恩，对四季的一种感恩。所以这个时候是中华大地，特别是黄河中下游一带，最有诗意、最休闲的一段时光。

古人在这个时候，写下了许多诗篇，比如《咏梅》。对梅花的赞美，是小寒前后文人墨客留下最多的诗章。“墙角数枝梅，凌寒独自开。”用梅花来象征着这个季节的一种诗意、芬芳，对应的是人们内心的一种高洁。《朱柏庐治家格言》中讲：“祖宗虽远，祭祀不可不诚。”在这个时候，一进入腊月，在古代社会，就是怀念祖先、感恩天地的高潮。

《中庸》讲：“明乎郊社之礼，禘尝之义，治国其如示诸掌乎！”从这句话可以看到，古人对祭祀、对怀念、对祝福的重视，而腊月是祭礼中的重中之重。由此就可以知道，一进入腊八，几乎每天都是节日，这个我在长篇小说《农历》里用了许多篇章来描写。

大寒

明·屈大均

大寒偏易暖，寒向小寒时。
亦有空林雪，梅花似不知。
病烦春色早，贫恐水仙迟。
多谢萋萋草，穿冰已作丝。

羣鷇偃下風
峰受翼卵恩啄粟
出雞欒啾々閙母喧
玲

大　寒

一候鸡始乳，
二候征鸟厉疾，
三候水泽腹坚。

大寒是二十四节气的最后一个节气，也是跟中华民族传统节日春节相关联的一个节气。

《授时通考》中讲："寒气之逆极，故谓大寒。"大寒有三候：一候鸡始乳。此时母鸡开始孵小鸡了。二候征鸟厉疾。鹰隼之类的征鸟正处于捕食能力极强的状态中，盘旋于空中到处寻找食物，以补充身体的能量，抵御严寒。三候水泽腹坚。河流湖泊的水完全结冰，此时是最厚最结实的。大寒是最冷的时候，如何御寒呢？

古人建议，可以用艾灸，多吃核桃、花生等。

先说艾灸，艾灸具有疏通气血、扶正祛邪、调和阴阳、温经散寒、温阳补气的作用，要先配合利用艾草的芳香药性，宣发上焦，净化上呼吸道，提升免疫功能，然后使用有艾绒药汁的热水浸泡双脚，暖养下焦，依次排出体内的寒湿之气，最后再点燃艾条，熏烤腹部中脘、神阙、关元等相关穴位，温运中焦，从而整体上达到温阳益气、芳香化湿、宣通三焦的功效。也正是因为艾灸有治疗的特殊性，在新冠疫情防控中，对缓解新冠症状具有一定的辅助作用。

核桃性甘温，有补肾固精、润肺定喘、润肠通便、健脑益气的功效。核桃皮可收敛精气，冬天正是须防精气外泄的“避藏”之季，因此核桃皮虽苦涩，但也尽量连皮带仁儿一起吃。花生味甘性平，能醒脾和胃、润肺化痰、清咽止咳，对于冬季咳喘者或处在慢性支气管炎、肺气肿、哮喘等呼吸道疾病恢复期的患者，可以喝花生百合粥起到补肺、养阴、健脾、止咳的疗效。

清代张维屏所作的诗《新雷》：“造物无言却有情，每于寒尽觉春生。千红万紫安排著，只待新雷第一声。”大寒是祭祖的时节，过大年的时节，在此引用我在《农历》

“大年”一章中的片段：

一家人坐在上房里，静静地守夜。

守着守着，五月就听到了蜡烛燃烧的声音，越来越大，越来越大，最后就像糜地里赶雀的人甩麻鞭一样，叭叭叭的。

守着守着，六月就听到了自己的心跳声越来越大，越来越大，最后就像是上九社火队的鼓声一样，咚咚咚的。

守着守着，五月就看到了爷爷和奶奶，爷爷和奶奶也在守夜，静得就像两本经书。

守着守着，六月就看到了太爷和太奶，太爷和太奶也在守夜，静得就像是两幅年画。

守着守着，五月就觉得时间像糖一样在一点一点融化。

守着守着，六月就觉得时间像雪一样在一片一片飘落。

守着守着，五月觉得那化了的糖水一层一层漫上来，先盖过她的脚面，再淹过她的膝盖，现在都快到她的腰了。

守着守着，六月就看见一个穿着大红衣裳的女子款款从雪上走过，留下一串香喷喷的脚印。

守着守着，五月就发现那块糖快化完了，心里不由得紧张起来。

守着守着，六月就看到那女子就要走出他的视线了，心里不由得惆怅起来。

带五月和六月走出紧张和惆怅的是一声惊天动地的炮声，五月和六月知道，那是地生用差不多一腊月的时间制造出的土炮发出的声音。

你说人们为啥要守夜？六月问爹。

刚才你们没有体会到？

我就是想考一下您老人家，看您能说对路吗。

哈哈，这个考题出得好，守夜守夜，顾名思义，就知道为啥要守夜。

啥叫顾名思义？

就是从名称知道这个词的含义。

那就是守着夜嘛，我是问，夜为啥要守呢？咋不守白天，偏偏要守夜呢？

因为一夜连双岁，五更分二年。五月说。

谁不知道一夜连双岁，五更分二年，我是问，为啥要守夜?

爹说，六月的意思我明白，你看那个“守”字咋写?

五月和六月就在炕桌上用手比画。

爹说，你看这“宝盖”下面一个“寸”字，就是让你静静地待在家里，一寸一寸地感觉时间。

一寸一寸地感觉时间，这正是他们刚才的感觉，不想被爹给说出来了，而且是借“守”这个字。“守”这个字一定是造字先生在腊月三十的晚上造出来的。六月想。

其实爹的老师讲，这个“寸”字代表法度，意思是做官要守规矩，但是在爹看来，最大的规矩就是光阴，如果一个人懂得了光阴，他就不会犯法了。

五月和六月有些听不懂，但他们特别赞同“静静地待在家里，一寸一寸地感觉时间”这个解释。他们觉得这造字先生真是不简单，难怪爹说他造字时都要天地震动，鬼哭狼嚎呢。

最后，我用《农历》中的对联给大家拜年：“天增岁月人增寿，春满乾坤福满门。”“向阳门第春常在，积善之家庆有余。”“三阳开泰从地起，五福临门自天来。”祝大家新年快乐！

后记　二十四节气的现代意义

在我的短篇小说《吉祥如意》获得鲁迅文学奖后，总有人问我，为什么把端午写得那么美、那么香、那么多彩、那么欢乐、那么吉祥、那么如意？

我说，的确，在我的记忆中，端午是香的。

“五月和六月是被香醒来的。”当我把这句话写在稿纸上时，我就进入了另一个时空隧道，它的名字叫端午。

五月是姐姐，六月是弟弟，端午的故事，就是从姐弟二人被“香醒来”开始的。

既是甜醅子的香，又是荷包的香，又是艾草的香，又是五月五这个日子的香，更是天之香、地之香、人之香。

正是天地间弥漫的这种“香”，让五月五十全十美、吉祥如意。

也正是这种弥漫在记忆中的香，让我在端午等传统佳节之外，也对二十四节气着迷，让我用十二年的时间写成长篇小说《农历》，2010年出版至今已重印十多次。这部长篇小说的写作，让我对中华文化的整体性有了更加深入的体会。

八年前，我协助中央电视台拍摄大型纪录片《记住乡愁》，让我对中华文化的整体性有了更为广阔的认识。这部节目原计划拍摄一百集，没想到播出后深受观众喜爱，后来被无限期扩容，现已播出六百集。

在我看来，这种文化的整体性，体现在时间制度上，就是二十四节气；体现在人类生命力的保持上，就是顺应二十四节气。正所谓“人法地，地法天，天法道，道法自然”。如果用一个字来概括，就是“中”。为此，我写了多篇散文，收在散文集《中国之中》中。

2022年，我和宁夏日报社合作，用一年时间录制了二十四节气的节目，播出后反响很好。让我高兴的是，我们的策划和北京冬奥会同步，冬奥会开幕式正是以二十四节气为序曲的。我跟剧组说，这次录制，我们尽可能开发一些观众“百度”不到的内容，侧重开发有助于人们应对现代性困境的功能。

在我看来，二十四节气是中华先祖对子孙后代的祝福，也是对人类的祝福。这种无比美好的祝福，含藏在穿越时空的精妙编程里。

二十四节气是天文编程

二十四节气，是我们的祖先通过观察太阳周年运动形成的时间体系，是先民们认知一年中时令、气候、物候等变化规律所形成的完整智慧体系。“春雨惊春清谷天，夏满芒夏暑相连。秋处露秋寒霜降，冬雪雪冬小大寒。”这首《二十四节气歌》，我们从小就背会了。

在写作长篇小说《农历》的过程中，我越来越清晰地认识到，二十四节气是天文和地文牵手形成的人文。它来自中华先祖最为现实的农业需求，那就是，什么时间播种才能得到最好的收成。特别是黄河中下游一带的人民，一年只有一次播种机会，如果没有二十四节气的“导航”，就很可能因为走错“时间路线”而歉收。

农民最清楚，哪怕你错过一两天的播种时间，收成都跟别人差得远，更不要说是半个月。同一人家的两块田，一块长势好，一块长势不好，我问父亲为什么。他告诉我，长势不好的那一块，是因为迟种了一天。

二十四节气的神奇，体现在它的精准。

有农村成长经历的人都有感受，二十四节气就是我们的人生，因为我们就是跟着这一套时间路线长大的。“清明前后，种瓜点豆。”这两天老爹老娘就忙着播种了。

“麦在地里不要笑，收到囤里才牢靠。”那种虎口夺粮的争分夺秒，真是一种极限体验。

我们的祖先，为了准确授时，“仰则观象于天，俯则观法于地，观鸟兽之文与地之宜，近取诸身，远取诸物”，“终日乾乾，夕惕若厉”，日复一日，年复一年，不敢稍差分毫，才确立了天、地、人的对应关系，绘制出中华民族沿用几千年的时间地图。

中国人为什么那么熟悉北斗七星？因为是用它们来反观大地、指导人生的。初昏，北斗七星的斗柄东指，天下皆春；南指，天下皆夏；西指，天下皆秋；北指，天下皆冬。如此确定的时间制度，后来就逐渐变成了历法，最后确立为农历。

正是农历精神，让人们“与天地合其德，与日月合其明，与四时合其序”，从而建立了天文、地文、人文的对应关系，成为中华哲学、文学、美学的基础，也成为政治学、经济学、社会学的基础，更是医学、养生学、生命学的基础。

“仰以观于天文，俯以察于地理，是故知幽明之故。”二十四节气，正是这种“幽明”的工具化。

这种“仰观”催生了古代中国十分发达的天文学。祖先们用圭表度量日影长短，确立了冬至夏至，然后通过数学推算，将太阳运行一年分成二十四等份，确立每一个节气的时间。

有了精准的观象授时，就有了精确的播种；有了精确的播种，就有了农业的发达；有了农业的发达，就有了足够的粮食；有了足够的粮食，就有了增长的人口；有了增长的人口，就有了人文的兴盛、文明的发达。

相传由孔子删定《尚书》所剩逸篇而成之书《逸周书》中的《时训解》就详细记录了七十二候。西汉《淮南子·天文训》出现了二十四节气。从中，我们得知，五日为一候，三候为一气。每一候都有动物、植物、鸟类、天气等随季节变化的周期性自然现象，称为“物候”。比如芒种，一候螳螂生，二候鵙始鸣，三候反舌无声；比如夏至，一候鹿角解，二候蝉始鸣，三候半夏生。同一物候因季而变，从“雷乃发声”到“雷始收声”，从“蛰虫始振”到“蛰虫坯户”，从“玄鸟至”到“玄鸟归”，等等。

诸子百家之一的农家的《审时》把“天人合一”在农业中的应用技术化，让二十四节气和农业充分对应。秦汉时期的重农抑商思想，又为二十四节气提供了强大的政策支持，让它走入百姓生活。今天，发达的气象学也没能完全代替二十四节气在农业中的重要性。播种、除草、收获、耕地、养墒，人们仍然要翻皇历。在我心目中，皇历除了具有实用价值，还有一种特别的诗意和浪漫。我在写《农历》时，小时候父亲在阳光下读皇历的景象，就一次次浮现在眼前。父亲在黄土地上劳作的一生，又何尝不是一部老皇历？他年年岁岁面朝黄土背朝天辛苦劳作的身影，让我无数次地想起《周易》的核心要义：厚德载物，自强不息。

二十四节气是人文编程

把《农历》写完，我就认定，人文是天文的投影。比如，自强不息的精神正是古人从二十四小时不间断观测天象中发现并演绎的。古人在观测天象的时候看到天体的运行不息，赋予人文的意义就是乾卦的核心精神——自强不息。

既然人文是天文的投影，那么，按照天文去生活，就会趋吉避凶、吉祥如意。

为此，我们的祖先对人文进行了系统性编程，正是这种充满智慧的编程，催生了二十四节气“活的哲学”。变易、简易、不易，阴阳、消长、运化，全在其中。“冬至一阳生”，“夏至一阴生”，“万物负阴而抱阳，冲气以为和”。在古人看来，“气”既是生命的存在状态，又是存在方式。这种状态和方式，体现在节律上，就是“节”。其目的，就是保证“中”，保证“和”。对应在人文上，就是《中庸》讲的“喜怒哀乐之未发，谓之中；发而皆中节，谓之和。中也者，天下之大本也；和也者，天下之达道也。致中和，天地位焉，万物育焉”。

这种中和哲学，让中华民族避免了非黑即白、非白即黑的简单思维，学会在阳中找阴、阴中找阳。道家用太极图来表达，儒家用中庸之道来阐述。体现在国家治理上，就是德法并重；体现在人类学设计上，就是构建人类命运共同体。

如果二十四节气的哲理能够在全人类普及，世界上的许多争端，也许就可以停止，人类就会安宁许多、祥和许多。因为二十四节气的后面是天文。而天文对人文的最大启示，就是整体性。在散文集《中国之中》中，我用大量文字阐述了中华文化整体性对人类走出困境的现实意义，阐述了“凡是人，皆须爱”的道理。因为“天同覆，地同载”，因为人文源于天文，而天地表演给人类的，就是整体性。既然天地是一个整体，那么，爱人就是爱己，伤人就是伤己。

历史上，我们曾想用法律手段废除农历，强行推行阳历，结果没有成功。因为它不符合中国人的认知方式、思维方式、行为方式，不符合中国人的整体观。最后，就默许两套历法并行。

古人为什么把春分与秋分神化，认为它们是天上的两尊神，春分祭日，秋分祭月？就是因为他们观测到，这两天昼夜等长。作为二十四节气的原始坐标，它们奠定了中国人的思维方式，就是处处“找中”。

这种“找中”的思维方式，让中华民族秉持辩证思维，不走极端。在极阳的时候马上想到阴，在极阴的时候马上想到阳；处在优势时马上想到劣势，处在劣势时马上看到优势。

近来，人们常常会为一些世界性事件争论得不亦乐乎，看起来，双方都有道理，如果不用“找中”的思维观照，是很难判断孰是孰非的。在“找中”的视角里，我们会发现，地域之间的较量，其实是文化较量。

相传，尧给舜禅让帝位的时候说："咨！尔舜！天之历数在尔躬，允执其中。四海困穷，天禄永终。"什么意思呢？就是说，我把这一套极其高明的历法传给你，你要用它来找到那个"中"，好好为老百姓服务。如果天下百姓陷于贫困，上天赐给你的禄位就会永远终止了。可见，中道思维来自天文；可见，真正的服务是"天文服务""历法服务"，真正的管理也是"天文管理""历法管理"。因为它是天地中介。由此，我们才能理解"天子"一词的含义。天子的权威性，来自独有的天文观测，来自独有的历法。

正是这种独有的时空系统，促进了中华民族的大一统。因为如果分裂，就意味着进入不了这套历法系统。

这种"找中"的哲学用在养生上，就是平衡。抑制旺的一方，扶持弱的一方。为此，古人讲："春不食肝，夏不食心，秋不食肺，冬不食肾，四季不食脾。"

春天养生，要养脾脏。因为春天对应着肝，肝属木，木克土，脾属土。怎么养呢？多吃和脾脏对应的黄色食物，比如小米、豆芽、生姜等。从味觉上讲，酸味入肝。所以，春天要少吃酸，因为酸入肝，会让肝火旺。这时，要适当增加甜食，因为甜味入脾。

这种“找中”的哲学让中国人特别注重“天人合一”。“天人合一”让中国人学会随缘，顺其自然。为此，人要不跟节律对抗。因为整个宇宙给我们表演的就是顺、就是应。如果地球哪一天搞一个花样滑冰，折回来运转，那将是什么情形？

人是宇宙的一分子。因此，只有“顺”，才能“合”；只有“合”，才能吉祥如意。

如何来“合”？顺应节气。比如春天，《黄帝内经》讲：“春三月，此谓发陈。天地俱生，万物以荣。夜卧早起，广步于庭，被发缓形，以使志生。生而勿杀，予而勿夺，赏而勿罚。此春气之应，养生之道也。逆之则伤肝，夏为寒变。奉长者少。”

“生而勿杀，予而勿夺，赏而勿罚。此春气之应，养生之道也。”这句话告诉我们，春天要少吃动物性食品，要多给予、多奖励。因为，在古人看来，宰杀动物时，人要先动杀心，而杀心引动杀机，伤害生机。人要健康，就要长养生机。

比如夏天，《黄帝内经》讲：“夏三月，此谓蕃秀。天地气交，万物华实。夜卧早起，无厌于日。使志无怒，使华英成秀。使气得泄，若所爱在外。此夏气之应，养长之道也。逆之则伤心，秋为痎疟，奉收者少。”因为太热，所以贪凉，而贪凉、阳气无法宣泄，湿邪就被闭在体内，秋天就会得痎疟，冬天就会重病。

热的时候充分经受热，冷的时候充分经受冷，此谓自然。“人法地，地法天，天法道，道法自然。”养生的最高境界，就是这个“自然”。而二十四节气，就是中国人的“自然”课表。

二十四节气是幸福编程

在写长篇小说《农历》的过程中，有一天，我突然意识到，大地回春，桃红柳绿，细想，都是温度在背后操盘。每一抹绿色回到人间，每一朵蓓蕾绽放，细微的变化之处，其实就是天地间的阳气增加了一点点。而这增加了的阳气，其实就是阳光的增量。而阳光的增量，来自阳光到达地球的角度增量。这个角度，又来自地球环绕太阳公转的“节律”和地球本身的“姿态”。这个节，这个态，对应在大地上，就是气。我们都知道，地球是“斜着身子”绕太阳公转的。正是这渐渐“直起来”的阳光让大地春意盎然、生机勃勃。

正是这一发现，让我联想到，在人间，我们能感知的爱和温暖都来自太阳，包括月辉。既然一切都来自这个“太”，这个“阳”，那么，我们就要向太阳学习，“与日月合其明”。

细细体味“合”的感觉，就会对“奉献”二字有新的认识。太阳的存在就是燃烧，就是奉献。当年，父母师长如是教诲，我有些不理解，只是把它写进《农历》里。不惑之年，自己开始做志愿者，有些能够理解了。

2012年，我支持几位同道创办了全公益“寻找安详小课堂”，那种实实在在的幸福感，让我觉得，我在《农历》中写的五月和六月的父亲不再是一个小说人物，而是我自己。我把我所写的，变成我所做的。每天脑海里全是要帮的人和方案，没有时间焦虑和忧伤，也没有时间自私和自利。那种“忘我”的幸福，超过拿任何奖，获任何利，得任何名。

这才明白，活着的意义就是奉献。

2021年，应广大家长的强烈要求，长江文艺出版社要出版适合青少年阅读的大字号《农历》，让我修订一下。再读十多年前写下的那些文字，读“父亲”给五月和六月讲，要学习天、学习地、学习太阳、学习庄稼，泪水就禁不住流下来。

想想二十四节气，从立春到大寒，天地要保障所有生命的生存，就得提供空气、水、食物，而这些保障生命的东西，都是天地免费为我们提供的。

我一直在琢磨“谷雨”这个词，大家都在讲“雨生百谷”，却忽略了“谷养百姓”。这谷物，是谁创造的？为什么要牺牲自己，养活人类？

这，也许就是天造地设，就是“本性”。一下子，我就明白了《大学》为什么开篇要讲“大学之道，在明明德，在亲民，在止于至善”。何为“明德”？何为“至善”？“亲民”而已。也明白了《论语》开篇为什么要讲：“学而时习之，不亦说乎？有朋自远方来，不亦乐乎？人不知而不愠，不亦君子乎？”学习什么？学天地精神，学日月精神。如此，才能“悦”。只有这种天地精神、日月精神绽放的“悦”，才会感召远方之朋。也只有这种会通了天地精神日月精神的“悦”，才会“人不知而不愠”。试想，如果天地和日月听不到赞美就沮丧，就收回它的光明，那就不能称其为日月。

突然间，我又对“人法地，地法天，天法道，道法自然”有了新的体会。这个“自然”，就是“本然”，就是一种没有缘由的爱和奉献。

这种心路历程，帮助我更加深入地理解老子讲的“自然”。

渐渐地，我就懂得了什么叫“自在”。没有“自然”，很难“自在”。也让我理解了什么叫“自信”，没有“自在”，就没有“自信”。

中华民族是一个自信的民族，跟我们的自在文化有关。

但凡自在的文化，都是可以经过时间检验的，比如二十四节气。

“春有百花秋有月，夏有凉风冬有雪。若无闲事挂心头，便是人间好时节。”宋代无门慧开的这首偈子，真是把自在文化讲到家了。全然地享受过程，享受生命的每一个“现场”，正是幸福学的真谛所在。

但现在，目标性幸福代替了过程性幸福。这不是太吃亏了吗？孩子们要通过九千九百九十九个学习之“苦”换来一个录取通知书之“甜”，让“学而时习之，不亦说乎”变成“不亦苦乎”，让多少学生高考完就再也不愿意看课本一眼。这是目标性幸福无法解决的死题。

古圣先贤给我们开出的幸福学教程是活在“现场里”，

要让全过程的每个“此刻”都要幸福。就学生来说，要用九千九百九十九个学习过程之“甜”换来一个更大的结果之“甜”，这才能真正实现孔夫子讲的“不亦说乎”。

目标性幸福，往往会把生命带离现场，而生命长期离开现场，是会出问题的。

要让孩子们把生命过程审美化、幸福化，让过程本身变成目标，全然地活在现场里，活在当下的幸福里，活在朴素生活的幸福里。播种时就要幸福，耕耘时就要幸福，而不仅仅是收获时幸福。生命的诗意就这么诞生了。不久，他们就会发现细节性的美：一朵花、一棵草、一束阳光、一缕风。

由此，我们会发现，古人晴耕雨读生活方式的智慧，他们活在一种耕读的诗意里，活在农事诗的节律里。而现在，有多少人，耕也没了，读也没了，每天活在一种“概念幸福”里，活在信息狂流里，活在计划里、效率里、手机里、网络里。渐渐地，生命的“实在感”丧失，“现场感”丧失，焦虑就找上门来了，抑郁就找上门来了。

由此，国家把教育由“德智体”扩展为“德智体美劳”，是非常英明的。

二十四节气提供的是一种与现代“效率时间”相悖

的“自然时间”。二十四节气中的时间是活的、有生命的、有温度的、能够呼吸的，它让天、地、人、物的关系人格化、审美化，也让中华文化的整体性有了可感可亲的烟火气。而一度，我们的“自然时间”被“效率时间”代替，风声雨声离开了我们的生活，鸟语花香离开了我们的生活，天长日久，我们就被一种巨大的“冰冷”包围，包括青少年。后果是什么，大家都清楚。

可以说，二十四节气本身就是先人的“教育编程”，它不但是我们的认知方式，也是思维方式，更是行为方式，当然也决定着我们的学术范式。

二十四节气是大教育。

我欣喜地看到，二十四节气教育正在以不同的方式走进校园。

每逢清明节、端午节、中秋节、重阳节等，不少学校组织学生集体诵读《农历》对应的章节，还有一些学校，编排节目上演。受邀观看孩子们天真可爱的演出，我的脑海里就会响起一个声音——

这农历、这二十四节气，不正是先祖们的天文编程、人文编程、教育编程、幸福编程，甚至是人类学编程吗？